面向新工科普通高等教育系列教材

软件测试理论与实践

曲海成　赵　雪　刘腊梅　王心霖　魏骁男　编著

机械工业出版社

本书是一本系统介绍软件测试基本理论和实践的教程，全书共 7 章：第 1 章介绍软件测试基本理论，第 2 章介绍软件质量与软件测试，第 3 章介绍软件测试的方法，第 4 章介绍软件测试管理，第 5 章至第 7 章介绍不同平台系统的测试理论和测试实践案例。

本书涵盖了软件测试的基本理论、软件质量与测试的关系、不同应用系统的测试方法以及测试管理等多方面的内容，并通过大量案例对理论知识加以印证，力求为广大软件测试工程师和相关领域的学习者提供一本全面系统的参考书籍。本书的读者对象为本科院校软件工程相关专业的师生、软件测试领域技术人员、软件工程/测试学习者。

本书配有教学资源（包括教学 PPT、教学大纲、习题及答案），需要的教师可登录 www.cmpedu.com 免费注册，审核通过后下载，或联系编辑索取（微信：13146070618，电话：010-88379739）。

图书在版编目（CIP）数据

软件测试理论与实践 / 曲海成等编著. -- 北京：机械工业出版社，2025. 3. --（面向新工科普通高等教育系列教材）. -- ISBN 978-7-111-77868-4

Ⅰ. TP311. 55

中国国家版本馆 CIP 数据核字第 20254RZ434 号

机械工业出版社（北京市百万庄大街 22 号　邮政编码 100037）

策划编辑：王　斌　　　责任编辑：王　斌　解　芳

责任校对：张　征　李　婷　　　责任印制：邓　博

北京盛通数码印刷有限公司印刷

2025 年 4 月第 1 版第 1 次印刷

184mm×260mm · 10.75 印张 · 264 千字

标准书号：ISBN 978-7-111-77868-4

定价：49.00 元

电话服务　　　网络服务

客服电话：010-88361066　　　机　工　官　网：www.cmpbook.com

010-88379833　　　机　工　官　博：weibo.com/cmp1952

010-68326294　　　金　书　网：www.golden-book.com

封底无防伪标均为盗版　　　机工教育服务网：www.cmpedu.com

前　言

软件测试作为软件工程领域至关重要的一环，其理论和实践对于保证软件质量、提高用户满意度具有不可替代的作用。本书整合了软件测试的基本理论、软件质量与测试的关系、不同应用系统的测试方法，以及测试管理等多个方面的内容，力求为广大软件测试工程师和相关领域的学习者提供一本全面系统的参考书籍。

本书囊括了软件测试基本理论和实践两部分，将基础理论与案例实践相融合，具体内容如下。

第 1 章　介绍软件测试的基本理论。包括软件测试的概念、目的、原则以及常见的测试方法和流程等软件测试的理论知识。

第 2 章　介绍软件质量与软件测试之间的关系。包含软件质量的定义、度量和评估方法，以及软件测试在提高软件质量方面的作用。这一章说明了为什么软件测试是确保软件质量的关键环节。

第 3 章　介绍软件测试的各类方法。包括黑盒测试、白盒测试、灰盒测试以及自动化测试等方法，以及各类方法的优缺点、在何种情况下使用更为合适。

第 4 章　聚焦于软件测试管理。从测试计划的编制、资源分配、进度控制以及风险管理等方面，介绍如何有效组织和管理软件测试项目，以确保项目顺利完成并达到预期的质量标准。

第 5 章　深入讨论嵌入式应用测试。涉及硬件与软件的交互测试、嵌入式系统的特殊测试需求以及相关的工具和技术。

第 6 章　介绍 Web 应用测试。主要涵盖性能测试、安全测试、兼容性测试等方面的内容，以满足 Web 应用日益增长的复杂需求。

第 7 章　介绍移动应用测试。主要包括移动应用测试基本理论、移动应用测试工具介绍以及相关测试案例。

本书较全面地介绍了软件测试理论，并通过案例充分地对理论进行了拆解和实践，适合想要系统了解软件测试知识的读者阅读和参考。

在编写本书的过程中，我们深入研究了软件测试领域的最新理论和实践，尽全力将前沿的知识传授给读者，并提供丰富的教学资源供学习交流。值得一提的是，AI 技术正不断推动着软件测试智能化的飞速发展，为了满足广大读者学习 AI 测试技术的需求，本书特别配套提供《AI 软件测试》（电子版）学习资料，供读者参考。获取方式参见封底。

本书由曲海成、赵雪、刘腊梅、王心霖、魏骁男共同编写。同时也要感谢徐波、林俊杰、张旺、穆敏佳、张立娟、周圣杰、杨昊、李瑞柯、王莹、梁旭等的辛勤付出和帮助。

我们相信，通过本书的学习，读者能够对软件测试理论有一个更加深入和全面的了解，为日后的工作和学习奠定坚实的基础。希望本书能够为软件测试领域的学习者、从业者甚至研究者提供指导和帮助，为推动软件质量的提升和行业的发展贡献自己的力量。

最后，我们衷心希望读者能够从本书中获得知识，不断进步，成为软件测试领域的优秀从业者和领军人物。

编　者

目　录

前言

第1章　软件测试基本理论 …… 1

1.1　软件测试的概念 …… 1

1.2　软件测试的目的 …… 3

1.3　软件测试的原则 …… 3

1.4　软件测试的过程 …… 5

1.5　软件测试与软件开发的关系 …… 6

习题 …… 7

第2章　软件质量与软件测试 …… 8

2.1　软件质量定义 …… 8

2.2　软件质量控制 …… 9

2.2.1　软件质量控制的概念 …… 9

2.2.2　软件质量控制模型 …… 9

2.2.3　软件质量保证 …… 10

2.3　软件质量模型 …… 10

2.4　软件质量标准体系 …… 14

2.4.1　软件质量标准概述 …… 14

2.4.2　能力成熟模型 …… 15

2.4.3　软件质量标准与全面质量管理 …… 16

习题 …… 18

第3章　软件测试的方法 …… 19

3.1　软件测试方法综述 …… 19

3.2　基于策略和过程的测试 …… 19

3.2.1　单元测试 …… 19

3.2.2　集成测试 …… 21

3.2.3　确认测试 …… 30

3.2.4　系统测试 …… 31

3.2.5　验收测试 …… 33

3.3　基于源代码可见性的测试 …… 34

3.3.1　黑盒测试 …… 34

3.3.2　白盒测试 …… 48

3.3.3　灰盒测试 …… 60

3.4　非功能测试 …… 61

3.4.1　性能测试 …… 61

3.4.2　压力测试 …… 61

3.4.3　负载测试 …… 61

3.4.4　低资源测试 …… 61

3.4.5　容量测试 …… 61

3.4.6　重复性测试 …… 61

3.5　面向对象测试 …… 62

3.5.1　面向对象测试的概念 …… 62

3.5.2　面向对象测试的理论基础 …… 62

3.5.3　面向对象测试与传统测试理论的关系 …… 62

3.5.4　面向对象测试的方法 …… 62

3.5.5　面向对象测试的过程 …… 63

3.5.6　类级测试 …… 65

3.5.7　场景法测试 …… 66

3.5.8　基于状态的测试 …… 69

3.6　自动化测试 …… 70

3.6.1　自动化测试的理论 …… 70

3.6.2　自动化测试的特性 …… 71

3.6.3　自动化测试的适用范畴 …… 71

3.6.4　自动化测试工具 …… 71

3.6.5　AI自动化测试 …… 72

习题 …… 72

第4章　软件测试管理 …… 73

4.1　软件测试管理概述 …… 73

4.2　软件测试管理的原则 …… 74

4.3　软件测试管理的基本内容 …… 74

4.3.1　测试计划管理 …… 74

4.3.2　测试组织及人事管理 …… 75

4.3.3　测试过程管理 …… 77

4.3.4　配置管理 …… 78

4.3.5　测试文档管理 …… 78

4.3.6　测试风险管理 …… 80

习题 …… 81

第 5 章　嵌入式应用测试 …… 82
5.1 嵌入式应用测试概述 …… 82
5.1.1 嵌入式应用测试的分类 …… 82
5.1.2 嵌入式应用测试的特点 …… 84
5.1.3 嵌入式应用测试的原则 …… 84
5.1.4 嵌入式应用测试的流程 …… 84
5.1.5 嵌入式应用测试的方法 …… 85
5.1.6 嵌入式应用测试工具 …… 86
5.1.7 嵌入式应用测试策略 …… 87
5.2 嵌入式应用测试工具介绍 …… 89
5.2.1 ETest Studio …… 89
5.2.2 CodeTEST …… 91
5.2.3 Tessy …… 92
5.2.4 CMocka …… 93
5.2.5 ModelSim …… 93
5.3 基于 FPGA 的嵌入式软件测试 …… 93
5.3.1 FPGA 测试流程及方法 …… 94
5.3.2 FPGA 仿真测试 …… 95
5.4 Vivado Simulation 安装与应用 …… 97
5.4.1 Vivado Simulation 的基本功能 …… 97
5.4.2 Vivado Simulation 的测试过程 …… 100
5.5 仿真实验程序测试案例 …… 101
5.5.1 系统设计实现 …… 101
5.5.2 系统测试 …… 109
习题 …… 114
第 6 章　Web 应用测试 …… 115
6.1 Web 应用测试概述 …… 115
6.1.1 Web 应用测试的分类 …… 115
6.1.2 Web 应用测试的特点 …… 115
6.1.3 Web 应用测试的思路 …… 116
6.1.4 Web 应用测试的方法 …… 116
6.2 Web 应用测试的常用工具 …… 121
6.2.1 Selenium …… 121
6.2.2 LoadRunner …… 121
6.2.3 JUnit …… 121
6.2.4 JMeter …… 122
6.2.5 QTP …… 122
6.3 QTP 的安装及应用 …… 122
6.3.1 QTP 的架构 …… 122
6.3.2 QTP 的工作过程 …… 123
6.3.3 QTP 的环境搭建 …… 123
6.3.4 QTP 的测试过程 …… 125
6.4 QTP 网站测试案例 …… 126
6.4.1 登录测试 …… 126
6.4.2 支付订单测试 …… 131
6.4.3 添加购物车测试 …… 135
习题 …… 139
第 7 章　移动应用测试 …… 140
7.1 移动应用测试概述 …… 140
7.1.1 移动应用测试的分类 …… 140
7.1.2 移动应用测试的特点 …… 141
7.1.3 移动应用测试的思路 …… 141
7.1.4 移动应用测试的方法 …… 141
7.2 移动应用测试工具介绍 …… 142
7.2.1 Calabash …… 142
7.2.2 KIF …… 142
7.2.3 Robolectric …… 142
7.2.4 Monkey …… 142
7.2.5 Appium …… 143
7.3 Appium 的安装及应用 …… 143
7.3.1 Appium 的架构 …… 143
7.3.2 Appium 的工作过程 …… 144
7.3.3 Appium 的环境搭建 …… 145
7.4 Appium 移动应用测试案例 …… 152
7.4.1 案例一：计算器 …… 152
7.4.2 案例二：购物 App …… 158
习题 …… 165
参考文献 …… 166

第 1 章　软件测试基本理论

本章内容

本章首先从软件测试概念、目的、原则和过程几方面进行讲解，然后介绍软件测试与软件开发的关系，重点讲解软件测试在软件开发各阶段的作用。

本章要点

- 掌握软件测试的概念，重点围绕软件测试的狭义定义和广义定义展开。
- 了解软件测试的目的，理解软件测试的原则。
- 了解软件测试的过程。
- 理解软件测试和软件开发的关系。

软件测试诞生于 20 世纪 60 年代。1961 年，一个简单的软件错误导致了美国大力神洲际导弹发射的失败，致使美国空军强制要求在其后的关键性发射任务中，必须进行独立的测试验证，从而建立了软件验证和确认的方法论，软件测试就此正式产生。

随着软件的迅速发展及其广泛而深入应用于人类社会与生活各领域，并且随着软件系统规模和复杂性与日俱增，其错误产生的概率大为增加。软件的缺陷与故障所造成的损失也在不断发生，如航空航天与高速列车的自动控制软件、银行结算系统与证券交易系统等的质量问题，可能会造成严重损失或带来灾难性后果。当今，在信息社会的生态系统中，软件质量问题已成为所有软件开发和应用人员关注的焦点。软件是人脑智力化的一种典型体现，它以思维逻辑的形式呈现为一种“抽象产品”，并且具有生命周期的特征，从而有别于其他科技、生产领域及其产品的形态。软件的这个特性，使其“与生俱来”就可能存在着缺陷，且不易被发现或难以彻底根除。软件工程的几十年的发展历程表明，对软件缺陷或者错误的检验及预防软件运行发生故障最有效的措施，就是通过软件测试来发现缺陷或错误，从而控制其质量。

本章为软件测试基本理论的概述。包括软件测试的概念、目的、原则和过程，以及软件测试与软件开发的关系等内容。通过本章的学习，读者能够正确理解软件测试的概念，理解软件测试的基本思想与实施策略，初步认识软件开发与软件测试相辅相成、相互依赖的关系，对软件测试建立概要性、框架性的整体认识，为后续学习软件测试策略和流程奠定坚实基础。

1.1　软件测试的概念

软件测试在软件开发成本中占有很大的比例，是保证软件质量的主要手段，越来越受到人们的重视。那么，什么是软件测试呢？这一基本概念长时间以来存在着不同的观点。

Glen Myers 认为“程序测试是为了发现错误而执行程序的过程”。这一定义明确指出，“寻找错误”是测试的目的。相对于“程序测试是证明程序中不存在错误的过程”，Myers 的定义是对的。把证明程序无错当作测试的目的不仅是不正确的，也是完全做不到的，而且对做好测试工作没有任何益处，甚至是十分有害的。从这方面讲，我们接受 Myers 的定义以及它所蕴涵的方法论和观点。不过，这个定义规定的范围似乎过于狭隘，使得它受到很大限制。因为如前所述，除去执行程序以外，还有许多方法去评价和检验一个软件系统。

另外，有些测试专家认为软件测试的范围应当包括得更广泛些。J. B. Goodenough 认为，测试除了要考虑正确性以外，还应关心程序的效率、健壮性（Robustness）等因素，并且应该为程序调试提供更多的信息。S. T. Redwine 认为，软件测试应该包括几种测试覆盖，分别为功能覆盖、输入域覆盖、输出域覆盖、函数交互覆盖和代码执行覆盖。关于测试的范围，A. E. Westle 将测试分为 4 个研究方向，即验证技术（用于特殊用途的小程序）、静态测试（应逐步从代码的静态测试往高层开发产品的静态测试发展）、测试数据选择和测试技术的自动化。

总的来说，软件测试就是在软件投入运行前，对软件需求分析、设计规格说明和编码实现的最终审查，它是软件质量保证的关键步骤。通常对软件测试的定义有两种。

定义 1：软件测试是为了发现错误而执行程序的过程。

定义 2：软件测试是根据软件开发各阶段的规格说明和程序的内部结构而精心设计的一批测试用例，并利用这些测试用例运行程序以发现错误的过程。

在 IEEE 提出的软件工程标准术语中，软件测试被定义为：“使用人工和自动手段来运行或测试某个系统的过程，其目的在于检验它是否满足规定的需求或弄清楚预期结果与实际结果之间的差别。”

事实上，所有发布的软件产品都会因为缺陷而导致用户的困扰和开发者时间和金钱上的额外开支。这些导致成本风险的软件问题可以通过在软件生命周期的每一个阶段中充分规划、执行验证和确认（Verification and Validation）而大大降低。

广义的软件测试由确认、验证、测试 3 个方面组成。

- 确认：评估将要开发的软件产品是否为正确无误、可行和有价值的。这里包含了对用户需求满足程度的评价，意味着确保一个待开发软件是正确无误的，是对软件开发构想的检测。
- 验证：检测软件开发的每个阶段、每个步骤的结果是否正确无误，是否与软件开发各阶段的要求或期望的结果相一致。验证意味着确保软件正确无误地实现软件的需求。
- 测试：与狭隘的测试概念统一。通常是经过单元测试、集成测试、确认测试和系统测试 4 个环节。

在整个软件生存期，确认、验证、测试分别有其侧重的阶段。确认主要体现在计划阶段、需求分析阶段，也会出现在测试阶段；验证主要体现在设计阶段和编码阶段；测试主要体现在编码阶段。事实上，确认、验证、测试是相辅相成的，确认无疑会产生验证和测试的标准，而验证和测试通常又会帮助完成一些确认，特别是在系统测试阶段。因此，软件测试贯穿于软件定义和开发的整个过程。软件开发过程中所产生的需求规格说明、概要设计规格说明、详细设计规格说明以及源程序都是软件测试的对象。

1.2　软件测试的目的

软件测试的目的是发现尽可能多的缺陷。具体来说，测试是通过在计算机上执行程序，暴露程序中潜在的错误的过程，也就是发现程序的错误。

一个好的测试用例能够发现至今尚未发现的错误，定位和纠正错误，最终消除软件故障，保证程序的可靠运行。

显然，测试的目标是为了用最少的时间与工作量尽可能地找出软件中存在的错误与缺陷，这似乎与软件工程其他阶段的目标相反，设法“破坏”已经建造好的软件系统，竭力证明软件中有错误，不能按预定的要求工作。必须牢记：测试只能证明缺陷存在，而不能证明缺陷不存在。

总之，通过测试活动，发现并解决缺陷，增加人们对被测对象的质量信心；通过测试活动，获取被测对象的质量信息，为决策提供数据依据；通过测试活动，预防缺陷，从而降低项目或产品的风险。

1.3　软件测试的原则

在设计有效的测试用例进行测试之前，测试人员必须理解软件测试的基本原则，以此作为测试工作的指导。

在软件测试过程中，我们应注意和遵循一系列的具体原则，在 ISTQB 软件测试基础认证大纲中，列出了 7 项原则，但其中最后一项原则“不存在缺陷（就是有用系统）”不能算是一项合格的原则，所以可以认可的原则是 6 项。除此之外，在这里结合实际的测试经历，另外列出比较重要的 7 项原则，合起来共 13 项原则。

1．ISTQB 的 6 项原则

（1）测试显示缺陷不存在，但不能证明系统不存在缺陷

测试可以减少软件中存在未被发现缺陷的可能性，但即使测试没有发现任何缺陷，也不能证明软件或系统是完全正确的。

（2）穷尽测试是不可能的

由于有太多的输入组合、路径，而且时间是有限的，无法做到完全的测试（100%测试覆盖率）。通过运用风险分析和不同系统功能的测试优先级，可以确定测试的关注点，从而替代穷尽测试。

（3）测试尽早介入

软件项目一启动，软件测试就应开始，也就是从项目启动的第一天开始，测试人员就应参与项目的各种活动和开展对应的测试活动。测试工作进行得越早，软件开发的劣质成本就越低，并能更好地保证软件质量。例如，在代码完成之前，可以进行各种静态测试，主导或积极参与需求文档、产品规格说明书等的评审，将问题消灭在萌芽阶段。

（4）缺陷集群性

版本发布前进行测试所发现的大部分缺陷和软件运行失效是由少数软件模块引起的。一

段程序中发现的错误数越多，意味着这段程序的质量越不好。错误集中发生的现象，可能和程序员的编程水平、经验和习惯有很大的关系，也可能是程序员在写代码时情绪不够好或不在状态等。如果在同样的测试效率和测试能力的条件下，缺陷发现得越多，漏掉的缺陷就越多。这也就是著名的 Myers 反直觉原则：在测试中发现缺陷多的地方，会有更多的缺陷没被发现。假定测试能力不变，通过测试会发现产品中 90%的缺陷。如果在模块 A 发现了 180 个缺陷，在模块 B 发现了 45 个缺陷，意味着模块 A 还有 20 个缺陷没被发现，而模块 B 还有 5 个缺陷未被发现。所以，对发现错误较多的程序段，应进行更深入的测试。

（5）杀虫剂悖论

采用同样的测试用例多次重复进行测试，最后将不再能发现新的缺陷。为了克服这种“杀虫剂悖论”，测试用例需要进行定期评审和修改，同时需要不断增加新的不同的测试用例来测试软件或系统的不同部分，从而发现潜在的更多的缺陷。

（6）测试活动依赖于测试背景

针对不同的测试背景，进行的测试活动也是不同的。例如，对要求安全放在第一位的软件进行测试，与对一般的电子商务软件的测试是不一样的。

2．其他重要的 7 项原则

（1）持续测试，持续反馈

软件测试贯穿着整个软件开发生命周期，应随时发现需求、设计或代码中的问题，及时将发现的问题反馈给用户、产品设计人员、开发人员等，主动、积极地交流，持续提高软件产品质量，这在敏捷测试中更为重要。

（2）80/20 原则

在有限的时间和资源下进行测试，找出软件中所有的错误和缺陷是不可能的，因此测试总是存在风险的。测试的一个重要目标是尽量减少风险，抓住重点进行更多的测试。根据 80/20 原则，即帕累托法则（Pareto Principle），用户 80%的时间在使用软件产品中 20%的功能。“重点测试”就是测试这 20%的功能，而其他 80%的功能属于优先级低的测试范围，占测试 20%的资源。

（3）建立清晰的阶段性目标

测试的目标需要逐步达到，不可能在某一瞬间就达到。根据软件开发生命周期的不同阶段性任务，我们要决定相应的测试目标和任务。如在需求分析阶段，要参与需求评审以全面理解用户需求、发现需求的问题；在功能测试执行阶段，测试人员不仅要对新功能进行测试，而且要有效地完成回归测试。

（4）测试独立性

测试在一定程度上带有“挑剔性”，心理状态是测试自己程序的障碍。同时，对于需求规格说明的错误理解也很难在程序员本人进行测试时被发现。程序员应避免测试自己的程序，为达到最佳的效果，应由独立的测试小组、第三方来完成测试。

（5）确保可测试性

事先定义好产品的质量特性指标，测试时才能有据可依。有了具体的指标要求，才能依据测试的结果对产品的质量进行客观的分析和评估，才能使软件产品具有良好的可测试性。例如，在进行性能测试前，产品规格说明书就已经清楚定义了各项性能指标。同样，测试用例应确定预期输出结果，如果无法确定所期望的测试结果，则无法进行正确与否的校验。

（6）测试计划是一个过程

测试计划是一个过程，是指导各项软件测试活动的持续过程。在项目开始时很难将所有的测试点、测试风险等都了解清楚，随着时间的推移，通过需求和设计的评审和探索式测试，对产品的理解越来越深，对测试的需求和风险越来越了解，可以进一步细化、不断丰富测试计划。其次，计划赶不上变化，软件产品的需求常会发生变化，测试计划不得不因此做出调整。所以，测试计划是适应实际测试状态不断变化而进行调整的一个过程。

（7）一切从用户角度出发

在所有测试活动的过程中，测试人员都应该从客户的需求出发，想用户所想。软件测试的目标就是验证产品开发的一致性和确认产品是否满足客户的需求，与之对应的任何产品质量特性都应追溯至用户需求。测试人员要始终站在用户的角度去思考、分析产品特性，多问问类似下面这样的问题。

- 这个新功能对客户的价值是什么？
- 客户会如何使用这个新功能？
- 客户在使用这个功能时，会进行什么样的操作？
- 按目前设计，用户觉得方便吗？

如果发现缺陷，应去判断软件缺陷对用户的影响程度，系统中最严重的错误是那些导致程序无法满足用户需求的缺陷。软件测试，就是揭示软件中所存在的逻辑错误、低性能、不一致性等各种影响客户满意度的问题，一旦修正这些错误就能更好地满足用户的需求和期望。

1.4　软件测试的过程

软件测试过程按测试的先后顺序可分为单元测试、集成测试、确认测试、系统测试，分别与软件开发过程的软件编码、软件设计、软件需求、系统需求（整个项目的需求）相对应。软件测试过程流程如图 1-1 所示。

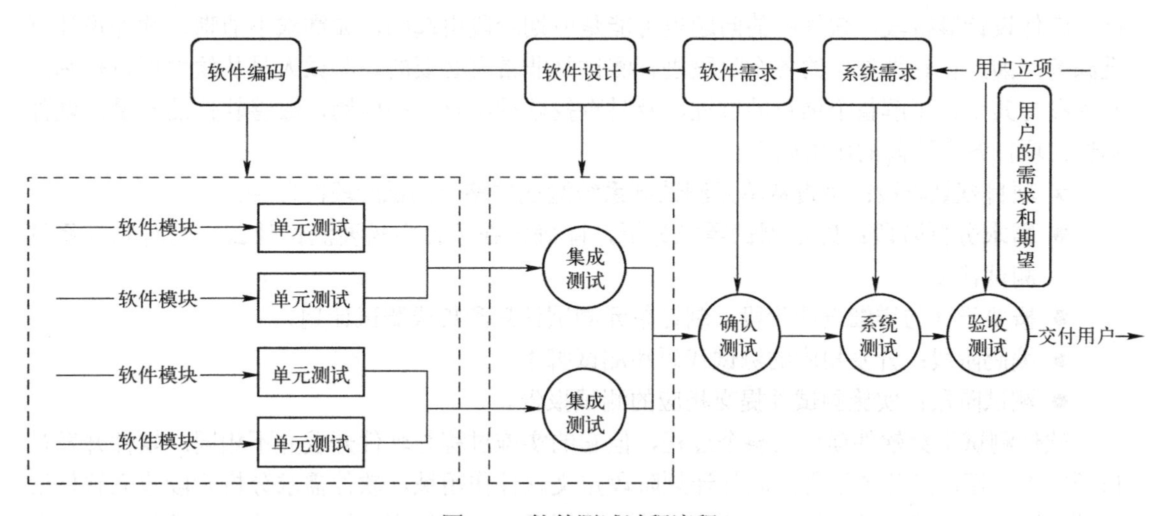

图 1-1　软件测试过程流程

1．单元测试

针对被测系统最小的组成单元实施的测试活动，一般是类或函数，也可能是最小的功能单元，检查各个程序模块是否正确地实现了规定的功能，并发现程序内部错误。

2．集成测试

针对组件、单元与组件、单元之间的接口实施的测试活动，验证接口设计是否与设计相符。集成主要分为 3 种类型，包括函数间集成、模块间集成和子系统间集成。

3．确认测试

检查已实现的软件是否满足需求规格说明中确定的各种需求，以及软件配置是否完全、正确。

4．系统测试

将经过确认的软件部署在真实的用户环境下，与其他系统成分组合在一起执行测试。

5．验收测试

以用户为主的测试，验收组应该由项目组成员、用户代表组成，主要包括α测试、β测试和 UAT 测试。

α测试是由用户在开发环境下执行的测试活动，开发者与测试人员均在场，发现问题及时沟通解决，在受控环境下执行的测试。

β测试是测试人员发现问题后，发现问题由专人统一收集，再由研发人员进行修改，在不受控环境下执行测试。

UAT 测试是用户接受度测试，一般是对商业用户验证系统可用性进行的测试。

1.5 软件测试与软件开发的关系

软件开发与软件测试都是软件项目中非常重要的组成部分，软件开发是生产制造软件产品，软件测试是检验软件产品是否合格，两者密切合作才能保证软件产品的质量。

软件中出现的问题并不是由编码引起的，软件在编码之前都会经过问题定义、需求分析、软件设计等阶段，软件中的问题也可能是前期阶段引起的，如需求不清晰、软件设计有纰漏等，因此在软件项目的各个阶段进行测试是非常有必要的。测试人员从软件项目规划开始就参与其中，了解整个项目的过程，及时查找软件中存在的问题，改善软件的质量。软件测试在项目各个阶段的作用如下。

- 项目规划阶段：负责从单元测试到系统测试的整个测试阶段的监控。
- 需求分析阶段：确定测试需求分析，即确定在项目中需要测试什么，同时制订系统测试计划。
- 概要设计与详细设计阶段：制订单元测试计划和集成测试计划。
- 编码阶段：开发相应的测试代码和测试脚本。
- 测试阶段：实施测试并提交相应的测试报告。

软件测试贯穿软件项目的整个过程，但它的实施过程与软件开发并不相同。软件开发是自顶向下、逐步细化的过程，软件计划阶段定义软件作用域，软件需求分析阶段建立软件信息域、功能和性能需求，软件设计阶段选定编程语言、设计模块接口；软件测试与软件开发过程则相反，它是自底向上、逐步集成的过程，首先进行单元测试，排除模块内部逻辑与功能上的缺陷，然后按照软件设计需求将模块集成并进行集成测试，检测子系统或系统结构上的错误，最后运行完整的系统，进行系统测试，检验其是否满足软件需求。软件测试是贯穿于整个软件开发的过程。在软件开发的各个阶段，测试人员必须制订本阶段的测试方案，把软件开发和测试活动集成到一起，二者关系如图 1-2 所示。

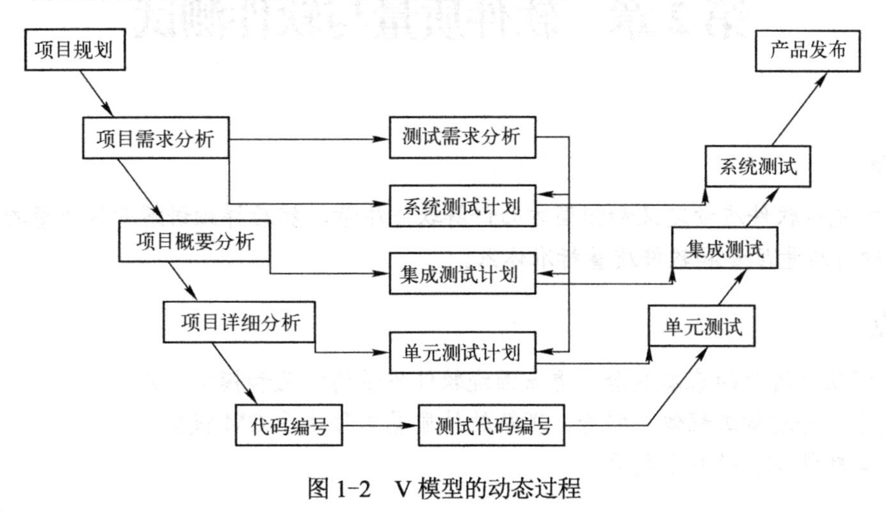

图 1-2　V 模型的动态过程

习题

1. 什么是软件测试？软件测试的目的是什么？
2. 简述软件测试的过程。
3. 简述软件测试的原则。
4. 简述软件测试与软件开发的关系。

第 2 章　软件质量与软件测试

本章内容

本章首先从软件质量定义和模型方面讲解软件质量，然后详细讲解软件质量控制，最后重点讲解软件质量度量和软件质量标准体系。

本章要点

- 了解软件质量的基本概念，重点围绕软件质量的定义和模型展开。
- 熟悉软件质量工程体系概念，理解软件质量工程体系 CM 模型。
- 了解软件质量的 6 个要素。

设计高质量的软件是软件设计追求的一个重要目标。软件质量是多个质量属性的综合体现，各种质量属性反映了软件质量的方方面面。在全面质量管理中，“质量”一词并不具有绝对意义上的“最好”的一般含义。质量是指“最适合于特定顾客的要求”。软件测试和软件质量的概念也是分不开的。其中，测试是手段，质量是目的。软件测试能够提高软件质量，软件测试和软件质量保证二者之间既存在包含又存在交叉的关系。软件测试能够找出软件缺陷，确保软件产品满足需求。但是测试不是质量保证。测试可以查找错误并进行修改，从而提高软件产品的质量。软件质量保证则是避免错误以求高质量，并且还有其他方面的措施以保证质量。根据软件工程标准制定机构（类别）和标准的适用范围，将软件质量标准分为国际标准、国家标准、行业标准、企业标准和项目规范 5 个级别。随着行业发展和推进，标准的权威性可能促使标准发展成为行业、国家或国际标准。

本章分别对软件质量、软件质量模型、软件质量控制以及软件质量标准体系进行了介绍。

2.1　软件质量定义

概括地说，软件质量就是“软件产品满足用户或规定显性需求或隐性需求的程度”。具体地说，软件质量是软件符合明确叙述的功能和性能需求、文档中明确描述的开发标准以及所有专业开发的软件都应具有的隐含特征的程度，包括内部质量、过程质量、外部质量和使用质量。软件质量定义强调以下 3 点。

- 软件需求是度量软件质量的基础，与需求不一致意味着软件质量不高。
- 制定的标准定义了一组指导软件开发的准则，如果没有遵守这些准则，肯定会导致质量不高。

- 通常有一组没有展示的隐含性需求（如期望软件容易维护）。如果软件满足明确描述的需求，但不满足隐含的需求，那么软件的质量仍然值得怀疑。

2.2　软件质量控制

质量不是来自于检验，而是来源于过程的改进。从本身的技术意义上说，软件质量控制是一组由开发组织使用的程序和方法，可在规定的资金投入和时间限制的条件下提供满足客户质量要求的软件产品，并持续不断地改善开发过程和开发组织本身，以提高将来生产高质量软件产品的能力。因此，软件质量控制是一个过程，是软件开发组织为了得到客户规定的软件产品的质量而进行的软件构造、度量、评审，以及采取一切适当活动的过程；同时，软件质量控制还是一组程序，是由软件开发组织为了不断改善自己的开发过程而执行的一组程序。无论是质量控制还是过程改善，度量都是基础。

2.2.1　软件质量控制的概念

软件质量控制是一组由开发组织使用的程序和方法，使用它可在规定的资金投入和时间限制的条件下，提供满足客户质量要求的软件产品，并持续不断地改善开发过程和开发组织本身，以提高将来生产高质量软件产品的能力。

根据这个定义，我们可以看到：

- 软件质量控制是开发组织执行的一系列过程。
- 软件质量控制的目标是以最低的代价获得客户满意的软件产品。
- 对于开发组织本身来说，软件质量控制的另一个目标是从每一次开发过程中学习，以便使软件质量控制一次比一次更好。

2.2.2　软件质量控制模型

基于 PDCA（计划 Plan、实施 Do、检查 Check、改进 Action 4 个词英文前缀的缩写）的全面统计质量控制（Total Statistical Quality Control，TSQC）模型，是我国实际采用的模型之一，基于 PDCA 的全面统计质量控制模型图如图 2-1 所示。

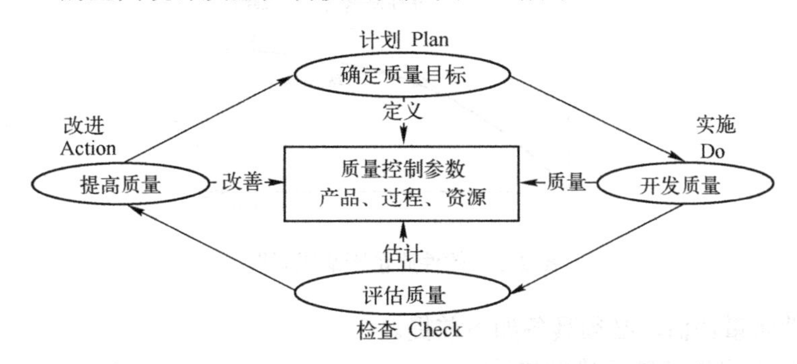

图 2-1　基于 PDCA 的全面统计质量控制模型图

- 计划：确定参数要求。
- 实施：根据要求开展活动。

- 检查：通过评审、度量、测试确认满足要求。
- 改进：纠正参数要求再开发。

2.2.3 软件质量保证

软件质量保证（Software Quality Assure，SQA）是建立一套有计划、有系统的方法，来向管理层保证拟定出的标准、步骤、实践和方法能够正确地被所有项目所采用。软件质量保证的目的是使软件过程对于管理人员来说是可见的。

软件质量保证通过对软件产品和活动进行评审和审计来验证软件是合乎标准的。

软件质量保证出于对项目机构方针的考虑，软件质量保证组在项目开始时就一起参与建立计划、标准和过程。

上述要求将使软件项目满足机构方针的要求。

软件质量保证（SQA）是 CMM（软件能力成熟度）2 级中的一个关键过程部分，它是贯穿于整个软件过程的第三方独立审查活动，在 CMM 的过程中充当重要角色。

SQA 的目的是向管理者提供对软件过程进行全面监控的手段，包括评审和审计软件产品和活动，验证它们是否符合相应的规程和标准，同时向项目管理者提供这些评审和审计的结果。

满足 SQA 是达到 CMM 2 级要求的重要步骤之一。

2.3 软件质量模型

软件业通过多年的实践，总结出软件质量是人、过程和技术的函数，即 $Q=\{M, P, T\}$。其中，Q 表示软件质量，M 表示人，P 表示过程，T 表示技术。软件质量影响因素图如图 2-2 所示。

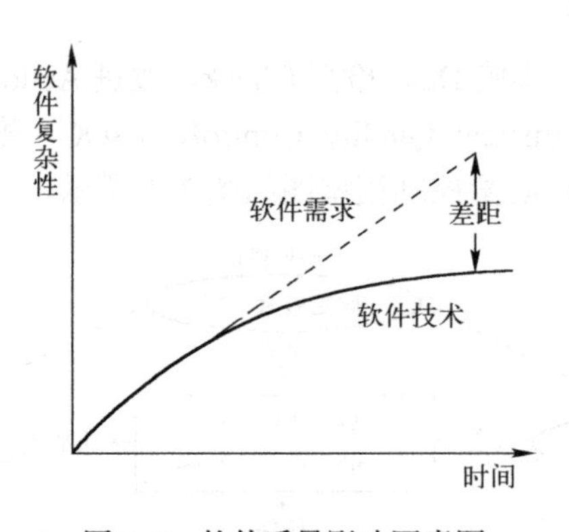

图 2-2 软件质量影响因素图

要进行软件质量评估，必须具备如下前提。

- 目标质量有足够清晰明确的描述。
- 合适的评估手段。合适的评估手段需要合适的评估工具与评估流程；需要对软件质量进行合理的维度划分，以及对每个维度合理量化，称为软件质量模型。

1. McCall 模型

McCall 等人于 1979 年提出的 McCall 软件质量度量模型是面向软件产品的运行、修正和转移模型。其软件质量概念包括如下 11 个特性：针对软件产品运行的正确性、可靠性、高效性、完整性和可用性；面向软件产品修正的可维护性、可测试性和灵活性；面向软件产品转移的可移植性、可复用性和互连性。

通常，对以上各个质量特性直接进行度量是很困难的，在有些情况下甚至是不可能的。因此，McCall 定义了一些评价准则，这些准则可对反映质量特性的软件属性进行分级，并以此来估计软件质量特性的值。软件属性一般分级范围是从 0（最低）到 10（最高）。主要评价准则有可跟踪性、完备性、一致性、安全性、容错性、准确性、可审查性、可操作性、可训练性、简洁性、模块性、自描述性、通用性、可扩展性、硬件独立性、通信共用性和数据共用性。

McCall 模型图如图 2-3 所示。

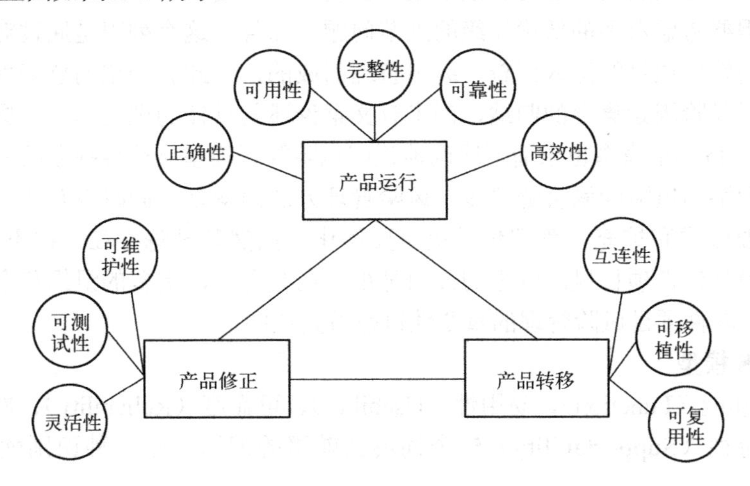

图 2-3　McCall 模型图

其中，软件质量概念包括如下 11 个特性具体说明如下。

- 正确性：一个程序满足需求规约和实现用户任务目标的程度。
- 可靠性：一个程序满足所需的精确度完成它的预期功能的程度。
- 高效性：一个程序完成其功能所需的计算资源和代码的度量。
- 完整性：对未授权人员访问软件或数据的可控制程度。
- 可用性：学习、操作、准备输入和解释程序输出所需的工作量。
- 可维护性：定位和修复程序中一个错误所需的工作量。
- 灵活性：修改一个运行的程序所需的工作量。
- 可测试性：测试一个程序以确保它完成所期望的功能所需的工作量。
- 可移植性：把一个程序从一个硬件或软件系统环境移植到另一个环境所需的工作量。
- 可复用性：一个程序可以在另外一个应用程序中复用的程度。
- 互连性：连接一个系统和另一个系统所需的工作量。

2. Boehm 模型

Boehm 模型用公式 RE=P(UO)*L(UO)对风险进行定义。

其中，RE 表示风险或者风险所造成的影响；P(UO)表示令人不满意的结果所发生的概率；L(UO)表示糟糕的结果会产生的破坏性的程度。

在风险管理步骤上，Boehm 模型基本沿袭了传统的项目风险管理理论，指出风险管理由风险评估和风险控制两大部分组成，风险评估又可分为识别、分析、设置优先级 3 个子步骤，风险控制则包括制订管理计划、解决和监督风险 3 个步骤。Boehm 模型思想的核心是 10 大风险因素列表，其中包括人员短缺、不合理的进度安排和预算、不断的需求变动等。针对每个风险因素，Boehm 模型都给出了一系列的风险管理策略。在实际操作时，以 10 大风险列表为依据，总结当前项目具体的风险因素，评估后进行计划和实施，在下一次定期召开的会议上再对这 10 大风险因素的解决情况进行总结，产生新的 10 大风险因素表。10 大风险列表的思想可以将管理层的注意力有效地集中在高风险、高权重、严重影响项目成功的关键因素上，而不需要考虑众多的低优先级的细节问题。而且，这个列表是通过对美国几个大型航空或国防系统软件项目的深入调查，编辑整理而成的，因此有一定的普遍性和实际性。但是它只是基于对风险因素集合的归纳，尚未有文章论述其具体的理论基础、原始数据及其归纳方法。另外，Boehm 模型也未清晰明确地说明风险管理模型到底要捕获哪些软件风险的特殊方面，由于列举的风险因素会随着多个风险管理方法而变动，同时也互相影响。这就意味着风险列表需要改进和扩充，管理步骤也需要优化。虽然其理论存在一些不足，但 Boehm 模型毕竟可以说是软件项目风险管理的开山鼻祖。在其之后，更多的组织和个人开始了对风险管理的研究，软件项目风险管理的重要性日益得到认同。

3. FURPS 模型

FURPS 是功能（Function）、易用性（Usability）、可靠度（Reliability）、性能（Performance）及可支持性（Supportability）5 个词英文前缀的缩写，是一种识别软件质量属性的模型。

其中功能部分对应功能需求，另外 4 项则是软件系统中重要的 4 项非功能性需求，有时会特别用 URPS 来表示此 4 项非功能性需求。此模型最早是由惠普公司的罗伯特・格雷迪（Robert Grady）及卡斯威尔（Caswell）提出，许多软件公司已使用 FURPS+，FURPS 后面的加号可以用来强调各种不同的属性。

FURPS 可分为以下 5 项。

- 功能（Function）：功能集、能力、通用性、保安性。
- 易用性（Usability）：人因、美学、一致性、说明文件。
- 可靠度（Reliability）：故障频率及严重程度、可恢复性、可预见性、准确性、修复前平均时间（MTTF）。
- 性能（Performance）：速度、效率、资源消耗、吞吐量、反应时间量。
- 可支持性（Supportability）：易测性、延伸性、适应性、可维护性、兼容性、可配置性（Configurability）、可服务性（Serviceability）、可安装性（Installability）、本地化能力（Localizability）、可携性（Portability）。

4. ISO9126

在软件开发过程中，不仅软件的质量是一个重要的因素，软件体系结构在整个过程中更显得重要。软件的质量需求是在开发初期的非功能性需求，对软件的体系结构影响很大。但是并不意味着一味追求质量，必须在效率和质量之间寻求一个平衡点。

为了实现高的软件质量，软件体系结构必须具有良好的可移植性、可靠性、可维护性、适应性、互用性、组件复用和实时性等方面的要求。《ISO/IEC 9126-1：软件产品评估—质量特性及其使用指南纲要》，在此标准中，定义了 6 种质量特性，并且描述了软件产品评估过程的模型。该技术将质量这一大的特性细化到属性级别或可测项。这样，就可以通过比较这些属性、可测项，从一系列候选体系结构中选择出一个合适的来开发软件。

在此标准中，定义了 6 种质量特性，27 个子特性，并且描述了软件产品评估过程的模型。

（1）功能性

功能性是指当软件在指定条件下使用，软件产品满足明确和隐含要求功能的能力，即适合性；并且能够得到正确或相符的结果或效果，符合用户需求，即准确性；拥有能够和其他指定系统进行交互的能力，即互操作性；防止对程序或数据的未经授权访问的能力，即保密安全性；符合国际/国家/行业/企业标准规范一致性，即功能性的依从性。

（2）可靠性

可靠性是在指定条件下使用时，软件产品维持规定的性能水平的能力，包括成熟性、容错性、易恢复性等。其中，成熟性指软件产品避免因软件中错误发生而导致失效的能力；容错性指在软件发生故障或违反指定接口的情况下，软件产品维持规定的性能水平的能力；易恢复性指在失效发生的情况下，软件产品重建规定的性能水平并恢复受直接影响的数据的能力。

（3）易用性

易用性是指在指定条件下使用时，软件产品被理解、学习、使用和吸引用户的能力，包括易理解性、易学性、易操作性和吸引性。

（4）效率

效率是指在规定条件下，相对于所用资源的数量，软件产品可提供适当的性能的能力。其中，时间特性：是指在规定条件下，软件产品执行其功能时，提供适当的响应时间和处理时间以及吞吐率的能力；除此之外，资源利用性：是指在规定条件下，软件产品执行其功能时，所使用的资源数量及其使用时间。

（5）可维护性

可维护性是指软件产品可被修改的能力，修改可能包括修正、改进或软件适应环境、需求和功能规格说明中的变化。符合“四规”要求，即在规定条件下，规定的时间内，使用规定的工具或方法修复规定功能的能力。包括易分析性、易改变性、稳定性和易测试性等。其中，易分析性指分析定位问题的难易程度；易改变性指软件产品使指定的修改可以被实现的能力；稳定性指防止意外修改导致程序失效；易测试性指使已修改软件能被确认的能力。

（6）可移植性

可移植性是指软件产品从一种环境迁移到另一种环境的能力，包括适应性、易安装性、共存性和易替换性等。

以上 6 个均要符合依从性，即遵循有关标准、约定、法规或类似规定。

2.4 软件质量标准体系

2.4.1 软件质量标准概述

根据软件工程标准制定机构的类别和标准适用的范围，将软件质量标准分为 5 个级别，即国际标准、国家标准、行业标准、企业标准和项目规范。

很多标准的原始状态可能是项目标准或企业标准，但随着行业发展与推进，它的权威性可能促使它发展成为行业、国家或国际标准，因此这里所说的层次具有一定的相对性。

1．国际标准

国际标准是由国际机构制定和公布供各国参考的标准。国际标准化组织（International Standards Organization，ISO）具有广泛的代表性和权威性，它所公布的标准也具有国际影响力。

20 世纪 60 年代初，国际标准化组织建立了“计算机与信息处理技术委员会”，专门负责与计算机有关的标准工作。它所公布的标准带有 ISO 字样，如 ISO10012：1995 质量手册编写指南。

2．国家标准

国家标准是由政府或国家级的机构制定或批准，适用于本国范围的标准。如：

- GB（GuoBiao）：中华人民共和国国家技术监督局是中国的最高标准化机构，它所公布实施的标准简称为“国标”。
- ANSI（American National Standards Institute）：美国国家标准协会。是美国一些民间标准化组织的领导机构，具有一定的权威性。
- FIPS（Federal Information Processing Standards）：美国商务部国家标准局联邦信息处理标准。它所公布的标准均冠有 FPS 字样。如 1987 年发表的 FIPS PUB132—87 Guideline for validation and verification plan of computer software（软件确认与验证计划指南）。
- BS（British Standard）：英国国家标准。
- DIN（DeutschesInstitut for Normung）：德国标准协会。
- JIS（Japanese Industrial Standard）：日本工业标准行业标准。

3．行业标准

行业标准是由一些行业机构、学术团体或国防机构制定，并适用于某个业务领域的标准。

中华人民共和国国家军用标准（GJB）。它是由我国国防科学技术工业委员会批准，适合国防部门和军队使用的标准。例如，1988 年发布实施的 GJB473-88 军用软件开发规范。

美国电气和电子工程师学会（Institute of Electrical and Electronics Engineers，IEEE）。该学会成立了软件标准技术委员会（SESS），开展软件标准化活动。

美国国防部标准（Department of Defense-Standards，DoD-STD）。美国军用标准（Military-Standards，MIL-STD）。

另外，我国的一些部门（如工业和信息化部）也展开了软件标准化工作，制定和公布了一些适合本部门工作需要的规范。这些规范的制定参考国际标准和国家标准，这些标准的制定对各自行业的软件工程起到了强有力的推动作用。

4．企业规范

一些大型企业或公司，由于软件工程工作的需要，制定适用于本部门的规范。

例如，美国 IBM 公司通用产品部（General Products Division）1984 年制定的“程序设计开发指南”。

5．项目规范

项目规范是为一些科研生产项目需要而由组织制定一些具体项目的操作规范，此种规范制定的目标很明确，即为该项任务专用。

项目规范虽然最初的使用范围小，但如果它能成功指导一个项目的成功运行并重复使用，也有可能发展为行业规范。

2.4.2 能力成熟模型

能力成熟度模型（Capability Maturity Model for Software，英文缩写为 SW-CMM，简称 CMM），是对于软件组织在定义、实施、度量、控制和改善其软件过程的实践中各个发展阶段的描述。在美国国防部的指导下，CMM 由软件开发团体和软件工程学院（SEI）及 Carnegie Mellon 大学共同开发。

CMM 的核心是把软件开发视为一个过程，并根据这一原则对软件开发和维护进行过程监控和研究，以使其更加科学化、标准化，使企业能够更好地实现商业目标。

1．能力成熟度模型的历史和发展

1987 年，美国卡内基·梅隆大学软件研究所（Software Engineering Institute，SEI）受美国国防部的委托，率先在软件行业从软件过程能力的角度提出了软件过程成熟度模型（Capability Maturity Model，CMM），随后在全世界推广实施的一种软件评估标准，用于评价软件承包能力并帮助其改善软件质量的方法。

它主要用于软件开发过程和软件开发能力的评价和改进。

它侧重于软件开发过程的管理及工程能力的提高与评估。

CMM 自 1987 年开始实施认证，现已成为软件业最权威的评估认证体系。CMM 包括 5 个等级，共计 18 个过程域，52 个目标，300 多个关键实践。

能力成熟度模型的本质是软件管理工程的一个部分。它是对于软件组织在定义、实现、度量、控制和改善其软件过程的进程中各个发展阶段的描述。

通过 5 个不断进化的层次来评定软件生产的历史与现状。关系到软件项目成功与否的众多因素中，软件度量、工作量估计、项目规划、进展控制、需求变化、风险管理等，都是与工程管理直接相关的因素。

2．实施 CMM 的必要性

实施 CMM 是改进软件质量的有效方法，是控制软件生产过程、提高软件生产者组织性和软件生产者个人能力的有效合理的方法。软件工程和很多研究领域及实际问题有关，主要相关领域和因素有：

- 需求工程（Requirements Engineering），理论上，需求工程是应用已被证明的原理、技术和工具，帮助系统分析人员理解问题或描述产品的外在行为。
- 软件复用（Software Reuse），定义为利用工程知识或方法，由已存在的系统，来建造新系统。这种技术，可改进软件产品质量和生产率。
- 软件检查、软件计量、软件可靠性、软件可维护性、软件工具评估和选择等。

2.4.3 软件质量标准与全面质量管理

美国的 B.W.Boehm 和 R.Brown 先后提出了 3 层次的软件质量标准评价度量模型：软件质量要素、准则、度量。随后 G.Mruine 提出了自己的软件质量度量 SQM 技术，波音公司在软件开发过程中采用了 SQM 技术，日本的 NEC 公司也提出了自己的 SQM 工具，即 SQMAT，并且在成本控制和进度安排方面取得了良好的效果。

1. 软件质量要素

第 1 层是软件质量要素，软件质量可分解成 6 个要素，这 6 个要素是软件的基本特征：

（1）功能性

功能性是指软件在指定条件下使用时，满足用户明确和隐含需求的功能的能力。评价角度主要包括适合性、准确性、互操作性、保密安全性和功能性依从性。

- 适合性：软件为指定的任务和用户目标提供一组合适功能的能力。
- 准确性：软件提供具有所需精确的正确或相符的结果或效果的能力。
- 互操作性：软件与一个或更多的规定系统进行交互的能力。
- 保密安全性：软件保护信息和数据的能力，以使未授权的人员或系统不能阅读或修改这些信息和数据，而不拒绝授权人员或系统对它们的访问。
- 功能性依从性：软件遵循与功能性相关的标准、约定或法规以及类似规定的能力，这些标准要考虑国际标准、国家标准、行业标准、企业内部规范等。

（2）可靠性

可靠性是指软件在指定条件下使用时，维持规定的性能级别的能力。可靠性对某些软件是重要的质量要求，它除了反映软件满足用户需求正常运行的程度，还反映了在故障发生时能继续运行的程度。其评价角度主要包括成熟性、容错性、易恢复性和可靠性依从性。

- 成熟性：软件为避免由软件中错误而导致失效的能力。
- 容错性：在软件出现故障或者违反指定接口的情况下，软件维持规定的性能级别能力。
- 易恢复性：在失效发生的情况下，软件重建规定的性能级别并恢复受直接影响的数据的能力。
- 可靠性依从性：软件遵循与可靠性相关的标准、约定或法规的能力。

（3）易用性

易用性是指在指定条件下使用时，软件被理解、学习、使用和吸引用户的能力。易用性反映了与用户的友善性，即用户在使用本软件时是否方便。其评价角度主要包括易理解性、易学性、易操作性、吸引性和易用性依从性。

- 易理解性：软件使用户能理解软件是否合适，以及如何能将软件用于特定的任务和使用环境的能力。
- 易学性：软件使用户能学习其应用的能力。
- 易操作性：软件使用户能操作和控制它的能力。
- 吸引性：软件吸引用户的能力。
- 易用性依从性：软件遵循与易用性相关的标准、约定、风格指南或法规的能力。这些标准要考虑国际标准、国家标准、行业标准、企业内部规范等。

（4）效率性

效率性是指在规定条件下，用软件实现某种功能所需的计算机资源（包括时间）的有效程度。效率反映了在完成功能要求时，有没有浪费资源。其评价角度主要包括时间特性、资源利用性、效率依从性。

- 时间特性：在规定条件下，软件执行其功能时，提供适当的响应和处理时间以及吞吐率的能力，即完成用户的某个功能需要的响应时间。
- 资源利用性：在规定条件下，软件执行其功能时，使用合适的资源数量和类别的能力。
- 效率依从性：软件遵循与效率相关的标准或约定的能力。

（5）可维护性

可维护性是指软件可被修改的能力。修改可能包括修正、改进或软件对环境、需求和功能规格说明变化的适应性。其评价角度包括易分析性、易改变性、稳定性、易测试性和维护性依从性。

- 易分析性：软件诊断软件中的缺陷、失效原因或识别待修改部分的能力。
- 易改变性：软件使指定的修改可以被实现的能力。
- 稳定性：软件避免由于软件修改而造成意外结果的能力。
- 易测试性：软件使已修改软件能被确认的能力。
- 维护性依从性：软件遵循维护性相关的标准或约定的能力。

（6）可移植性

可移植性是指从一个计算机系统或环境转移到另一个计算机系统或环境的容易程度。其评价角度包括适应性、易安装性、共存性、易替换性和可移植性依从性。

- 适应性：软件无须采用有别于为考虑该软件的目的而准备的活动或手段，就可以适应不同指定环境的能力。
- 易安装性：软件在指定环境中被安装的能力。
- 共存性：软件在公共环境中同与其分享公共资源的其他独立软件共存的能力。
- 易替换性：软件在同样环境下，替代另一个相同用户的指定软件产品的能力。
- 可移植性依从性：软件遵循与可移植性相关的标准或约定的能力。

2. 评价准则

第 2 层是评价准则，可分成 22 点。包括精确性、健壮性、安全性、通信有效性、处理有效性、设备有效性、可操作性、培训性、完备性、一致性、可追踪性、可见性、硬件系统无关性、软件系统无关性、可扩充性、公用性、模块性、清晰性、自描述性、简单性、结构性、产品文件完备性。

3. 度量

第 3 层是度量：根据软件的需求分析、概要设计、详细设计、实现、组装测试、确认测试和维护与使用 7 个阶段，制定针对每一个阶段的问卷表，以此实现软件开发过程的质量控制。

习题

1. 什么是软件质量？评价软件质量的属性有哪些？
2. 常见的软件质量保证模型有哪些？有哪些各自特点？
3. 简述软件质量标准的层次。

第 3 章　软件测试的方法

本章内容

本章主要介绍软件测试方法的分类原则，以及从不同角度出发进行的软件测试的具体分类，并详细地介绍各种测试方法的应用。

本章要点

- 了解软件测试方法的分类。
- 掌握黑盒和白盒测试方法；集成测试方法。
- 理解面向对象测试方法和自动化测试方法。

3.1　软件测试方法综述

在软件测试过程中，根据不同的测试出发点和测试本身的特点，可以对测试方法进行多维度划分。

- 针对测试策略和过程可以将测试分为单元测试、集成测试、确认测试、系统测试和验收测试。
- 针对源代码可见性可以将测试划分为黑盒测试、白盒测试和灰盒测试。
- 针对软件系统的性能或可用性可从非功能角度将测试划分为性能测试、压力测试、负载测试、低资源测试、容量测试和重复性测试。
- 针对软件工程方法学划分的角度可以分为传统软件测试和面向对象软件测试。
- 针对是否运用测试工具测试可以分为自动化测试和手工测试。

3.2　基于策略和过程的测试

从策略和过程的角度出发可以将测试分为单元测试、集成测试、确认测试、系统测试和验收测试。

3.2.1　单元测试

单元测试是指，对软件中的最小可测试单元在与程序其他部分相隔离的情况下，进行检查和验证的测试过程。此处的最小可测试单元按照软件工程方法学划分，例如，在结构化方法中，最小可测试单元通常是指函数；而在面向对象方法中，最小可测试单元通常是指类或者类中的某个方法。

单元测试的目的是确保程序的逻辑与开发人员预期是一致的。

单元测试和代码设计一般是同步进行的。单元测试的依据是结构化测试方法中的详细设计成果。但一般在实际项目中，在引入敏捷开发理论后，得到新的更高的要求是以测试来驱动开发，即单元测试代码要在产品代码之前编写。一般的单元测试由程序设计人员即软件开发人员进行。

单元测试的主要内容包括模块接口测试、局部数据结构测试、边界条件测试、模块中所有独立路径测试。

1. 模块接口测试

模块接口测试是单元测试的基础。只有在数据能正确流入、流出模块的前提下，其他测试才有意义，所以首先需要进行模块接口测试。同时，模块接口测试也是集成测试的重点，这里进行的测试主要是为了给后续流程打好基础。既然需要进行接口测试，那么必须了解判定测试接口正确的条件，判定测试接口正确的条件如下。

- 输入的实参与形参的个数是否相同。
- 输入的实参与形参的属性是否匹配。
- 输入的实参与形参的量纲是否一致。
- 调用其他模块时所给实参的个数是否与被调模块的形参个数相同。
- 调用其他模块时所给实参的属性是否与被调模块的形参属性匹配。
- 调用其他模块时所给实参的量纲是否与被调模块的形参量纲一致。
- 调用预定义函数时所用参数的个数、属性和次序是否正确。
- 是否存在与当前入口点无关的参数引用。
- 是否修改了只读型参数。
- 对全程变量的定义各模块是否一致。
- 是否把某些约束作为参数传递。

如果模块功能包括外部输入、输出，还应该考虑下列因素。

- 文件属性是否正确。
- OPEN/CLOSE 语句是否正确。
- 格式说明与输入、输出语句是否匹配。
- 缓冲区大小与记录长度是否匹配。
- 文件使用前是否已经打开。
- 是否处理了文件尾。
- 是否处理了输入、输出错误。
- 输出信息中是否有文字性错误。
- 局部数据结构测试。
- 边界条件测试。
- 模块中所有独立执行通路测试。

2. 局部数据结构测试

检查局部数据结构是为了保证临时存储在模块内的数据在程序执行过程中保持完整、正确。局部功能是整个功能运行的基础，所以局部数据结构往往是检查相关函数是否正确执行，以及内部是否运行正确的破局之点，应仔细设计测试用例，力求发现下面几类错误。

- 不合适或不相容的类型说明。
- 变量无初始值。
- 变量初始化或默认值有错。
- 不正确的变量名（拼错或不正确地截断）。
- 出现上溢、下溢和地址异常。

3．边界条件测试

在单元测试中，边界值条件测试是极其重要的一项。众所周知，由于软件经常在边界上失效，采用边界值分析策略，所以针对边界值及其上下限设计测试用例，很可能发现新的错误。边界条件测试是一项基础测试，也是功能测试的重点，使用边界值测试可以一定程度上提高程序的健壮性，即应对极端情况的处理能力。

4．模块中所有独立路径测试

单元测试的基本任务是保证模块中每条语句至少执行一次，故需要对模块中每一条独立执行路径都进行测试。单元测试的目的主要是为了发现由错误计算、不正确的比较和不适当的控制流导致的错误。具体测试做法就是由程序员逐条调试语句。常见的错误包括以下内容。

- 误解或用错了运算符优先级。
- 混合类型运算。
- 变量初始值错。
- 精度不够。
- 表达式符号错。

比较判断与控制流常常紧密相关，测试时注意下列错误。

- 不同数据类型的对象之间进行比较。
- 错误地使用逻辑运算符或优先级。
- 因计算机表示的局限性，期望理论上相等而实际上不相等的两个量相等。
- 比较运算或变量出错。
- 循环终止条件或不可能出现。
- 迭代发散时不能退出。
- 错误地修改了循环变量。

3.2.2　集成测试

集成测试阶段是对每个模块进行单元测试后，按照总体设计时确定的软件结构图和一定策略将测试完成的单元连接起来进行的测试，也称为综合测试。

1．集成测试阶段划分

集成测试分为 4 个阶段，分别如下。

- 集成测试计划阶段：制定集成测试计划。
- 集成测试设计阶段：按计划，设计集成测试方案。
- 集成测试实现阶段：按照计划和策略完成集成测试用例编写、集成测试规程制定、集成测试脚本编写及数据文件编写。
- 集成测试执行阶段：执行集成测试用例、修改发现的问题进行回归测试并提交集成测试报告。

集成测试有很多方法，对于传统软件来说，从不同集成力度的角度出发，可以把集成测试分为 3 个层次：模块间集成测试、子系统内集成测试和子系统间集成测试。

对于面向对象的应用系统来说，按集成力度不同，可以把集成测试分为两个层次：类内集成测试和类间集成测试。

集成测试也可以按照如下方式划分：非增量式集成测试、增量式集成测试、三明治集成测试、核心集成测试、分层集成测试和基于使用的集成测试等。

2. 集成测试的策略

集成测试，按照是否一次性按照软件结构图集成最终产品将测试策略分为非渐增式集成策略和增量式集成策略分别进行测试。在以增量式集成为策略的测试中，根据集成方向将测试分为自顶向下、自底向上和三明治法。

（1）非渐增式集成测试策略

非渐增量式集成测试策略也叫作大爆炸集成，即一次性集成；在完成单元测试的前提下，一次性将软件结构图中的各个模块集成为一个整体，并通过最少的用例来验证整个系统的功能，验证是否满足需求，而不考虑各个模块单元之间的相互依赖性以及可能存在的风险。

在集成测试过程中，将每个模块完成单元测试后，一次性集成，进行集成测试，如图 3-1a 所示，主控模块需要调用下级模块 A、B、C 和 D。

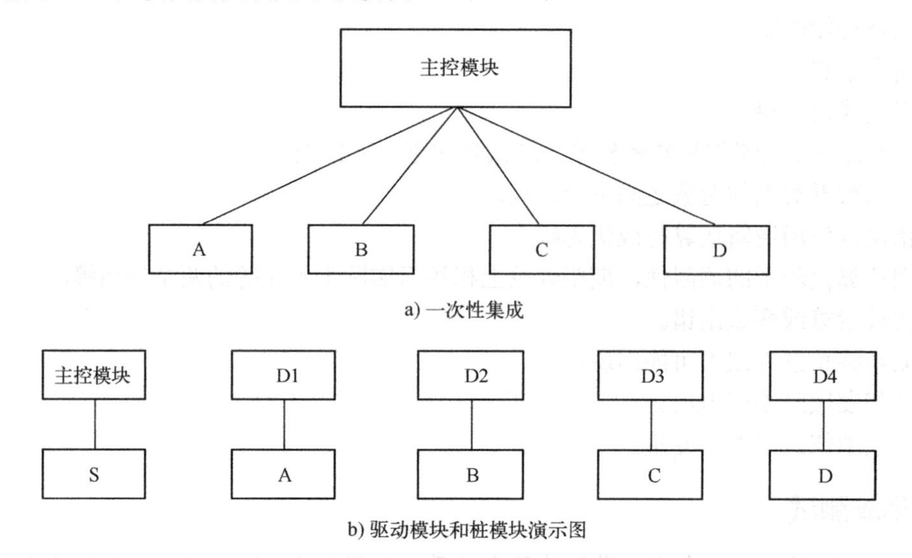

图 3-1　非渐增量式集成测试策略

在这样的集成测试过程中，需要两种模块辅助完成单元测试，分别是驱动模块和桩模块。

- 驱动模块：用以模拟被测模块的上级模块。驱动模块在集成测试中接受测试数据，把相关的数据传送给被测模块，用以启动被测模块，并输出相应的结果。如图 3-1b 所示，D1、D2、D3、D4 为驱动模块。
- 桩模块：也称为存根程序，用以模拟被测模块工作过程中所调用的模块。桩模块由被测模块调用，它们一般只进行很少的数据处理，例如，打印入口值和返回值，以便于检验被测模块与其下级模块的接口。如图 3-1b 所示，S 为桩模块。

非渐增式集成测试策略优点：由于集成测试过程基于软件结构图，理解容易，测试简单直接；可以多人并行工作，对人力、物力以及财力等资源的利用率相对较高。

非渐增式集成测试策略缺点：由于一次性集成，所以一旦测试过程出现问题，对于问题定位和修改都比较困难；在理想状态下，即使被测系统一次集成起来，但对于复杂的模块接口问题而言，仍然会有部分接口测试被遗漏，导致接口问题不容易被暴露，甚至会躲过测试遗留在系统中。

非渐增量式集成测试策略的适用场景：适用于需要日常维护较多的维护型项目，并且新增的项目只有少数的模块被增加或修改；适用于系统规模较小，并且每个功能单元都经过了充分的单元测试。

（2）增量式集成测试策略

增量式集成测试是一种按照软件结构图运用不同的集成策略逐步集成以及逐步测试的方法。在集成的过程中，随着不同集成策略的逐步推进，就可能将错误分散暴露出来，便于找出问题，并且及时修改，能够及时发现错误，并且对错误进行定位。

增量式集成测试策略主要有自顶向下集成、自底向上集成、三明治集成；除以上几种外，还有基于功能集成、基于风险集成、基于分布式集成等策略。

根据集成方向不同，将增量式集成测试分成自顶向下集成、自底向上集成、三明治集成 3 种集成测试法。在集成的过程中可以采用深度优先或广度优先的策略。深度优先集成策略是指顺着系统的层次结构的纵向（深度）方向，按照一个主线路径，自顶向下地把所有模块，按照软件结构图逐渐集成为一个整体进行测试，集成路径的选择，可以根据深度优先策略选择路径进行深度延展；广度优先集成策略则是指顺着系统的层次结构的横向（宽度）方向，把每一层中所有被上一层调用的各个模块逐渐集成起来进行测试，一直到系统的最底下一层为止。

1）自顶向下集成。

自顶向下集成首先要集成主控模块，然后从软件控制层次结构出发，按照由顶层到底层的集成策略进行集成，可以采用深度优先或者广度优先进行测试，主要验证接口的稳定性。

自顶向下集成从顶层主控模块（根部）开始，所有被主程序调用的下层单元都作为“桩”出现，桩是模拟被调用单元的一次性代码。如果要对整个软件进行自顶向下的集成测试，第一步就是为主程序调用的每一个单元开发桩模块（根模块）。在任何单元的桩中，测试者通过编码来获得一个调用单元的正确响应。在实践中，开发桩模块是非常有意义的。一般，应该把桩代码看作软件开发的一部分，并在配置管理下维护。以软件结构图（见图 3-2）为依据进行集成测试，具体实施过程如下。

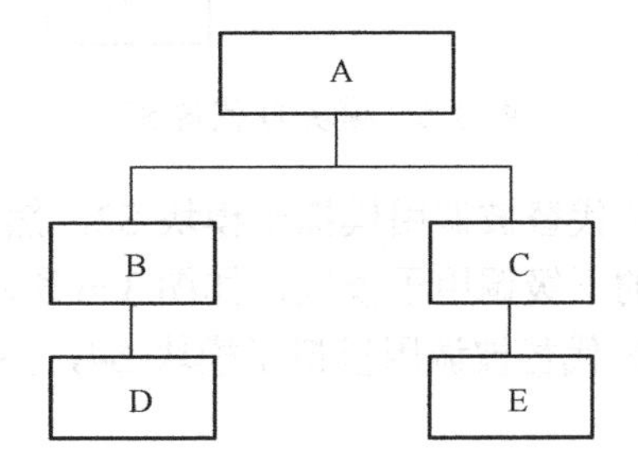

图 3-2　集成测试软件结构图

① 确定所有的将要集成在一起的单元已经通过了单元测试。

② 选择的集成测试策略，在这里采用深度优先的方法。

③ 对主控制软件单元 A 进行测试，使用测试用被调用模拟子模块 S1 和 S2 来代替单元 A 原本实际所调用的软件单元 B 和 C，然后对软件单元 A 进行测试，如图 3-3 所示。

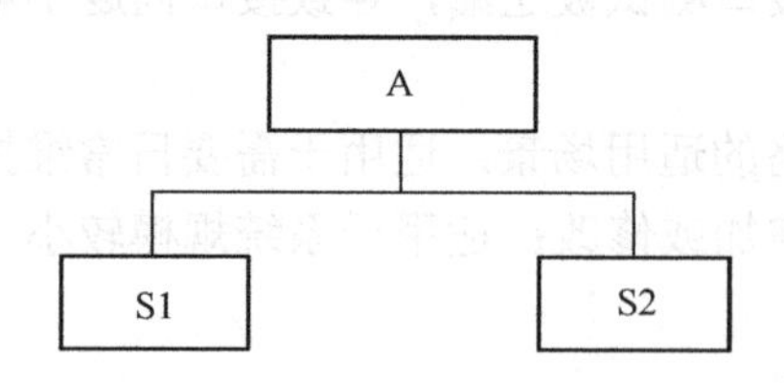

图 3-3　被调用模块 S1 和 S2

④ 使用实际的软件单元 B 代替被调用模拟子模块 S1，并使用 S3 代替软件单元 B 原本实际所调用的软件单元 D，然后对集成 B 后的软件结构进行测试，在集成的过程中，必须进行回归测试，如图 3-4 所示。

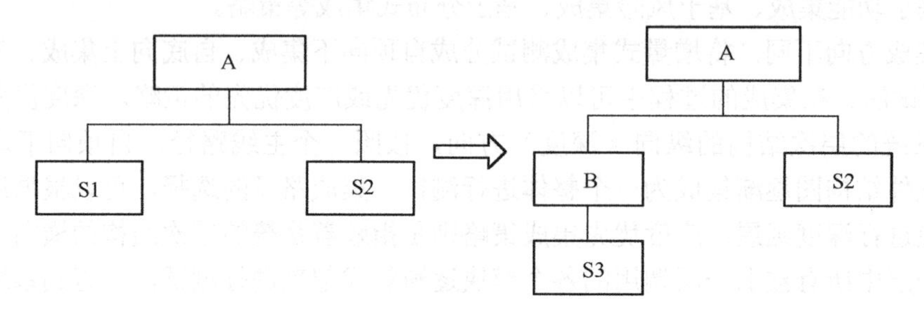

图 3-4　模块 B 代替 S1

⑤ 使用实际的模块 D 代替被调用模拟子模块 S3，然后对集成 D 后的软件结构进行测试，如图 3-5 所示。

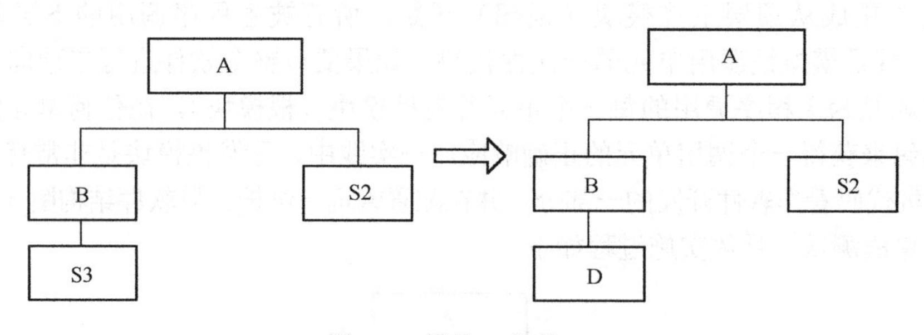

图 3-5　模块 D 代替 S3

⑥ 使用实际的软件单元 E 代替被调用模拟子模块 S2，然后对集成 C 后的软件结构进行测试，并使用 S4 代替 C 模块的下级调用子模块，如图 3-6 所示。

⑦ 使用实际的软件单元 E 代替被调用模拟子模块 S4，然后对整个软件系统进行测试，如图 3-7 所示。

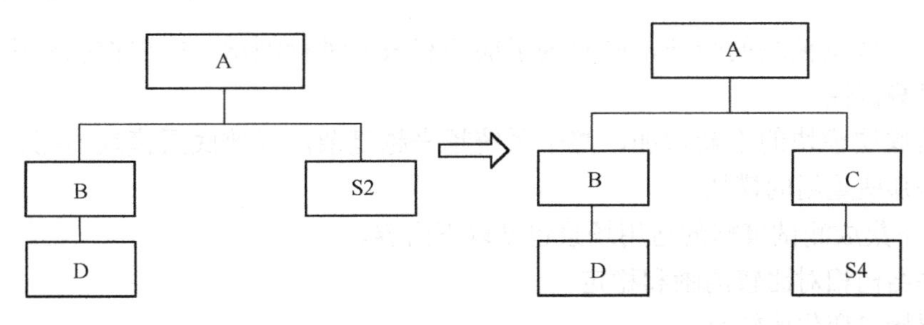

图 3-6　模块 C 代替 S2

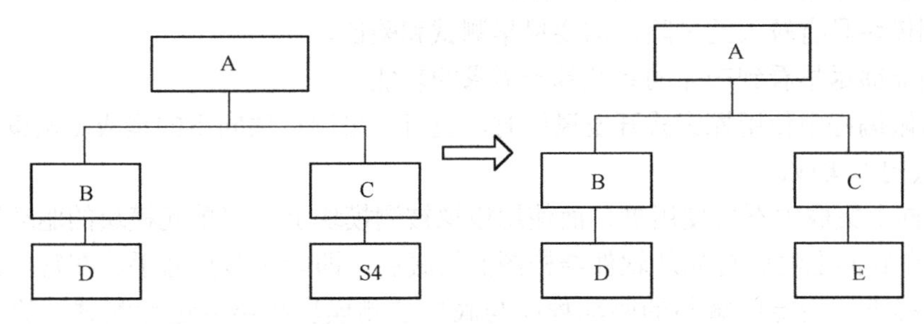

图 3-7　模块 E 代替 S4

自顶向下集成测试策略的优点如下。

- 在测试过程中，能够相对较早地验证主控模块和判断点。在一个功能划分合理的模块结构中，关键判断一般出现在较高层次的模块中的情况比较多，所以在较上层次的模块中，会较早地遇到判断结构。如果在软件中存在控制问题，尽早发现这类问题能够减少之后的返工，所以这是十分必要的。
- 在测试的过程中，部分功能可较早得到证实，能够给开发者和用户对于项目的实现带来较大的信心。
- 最多只需要一个驱动模块，减少了驱动器开发的费用。特定单元的驱动器一般使用难以编码的测试用例，并且与单元的接口高度耦合，这种设置限制了驱动器和测试包的复用。而采用自顶向下的策略，最多只需要维护一个顶层模块的驱动器，尽管也会遇到不可复用的问题，但维护工作量相对较小。
- 由于增量式测试和设计顺序的一致性，因此可以和设计并行进行。如果目标环境存在变化，该方法可以比较灵活地适应该环境变化。
- 支持故障隔离。例如，假设 A 模块的测试正确执行，但是加入 B 模块后，测试执行失败，那么可以确定，要么 B 模块有问题，要么 A 模块和 B 模块的接口有错误。

自顶向下集成测试策略的缺点如下：

- 桩的开发和维护成本较高。因为在每个测试中都必须提供桩，并且随着测试配置中使用的桩的数目增加，所以维护桩的成本将急剧上升。
- 当测试到底层模块时，当底层模块出现无法预计的错误时，可能会导致许多顶层模块的修改，这破坏了已经完成的测试组件。

- 推迟了底层模块的验证，同时为了能够有效地进行测试，需要控制模块具有比较高的可测试性。
- 随着底层模块的不断增加，整个系统越来越复杂，导致底层模块的测试不充分，尤其是那些重用的模块。

自顶向下集成测试策略的适用场景包括以下内容。

- 软件结构相对比较清晰和稳定。
- 高层接口变化比较小。
- 底层接口未定义或经常可能被修改。
- 控制模块具有较大的风险，需要尽早测试和验证。
- 希望能够尽早看到产品的系统基于需求的功能。
- 在极限编程中使用探索式开发风格时，也可以采用自顶向下的集成测试策略。

2）自底向上集成。

在自底向上集成中不再使用桩，而使用模拟被测模块上一层单元模块的驱动器或称之为驱动模块。自底向上集成首先从软件结构图的最底层，即叶子节点着手，在每个模块进行单元测试的前提下，用专门编写的驱动程序与底层被测模块相结合进行测试。随着测试的进行，驱动模块被不断替换，直到根据整个软件结构图进行的测试结束。在自底向上的集成测试中很少产生额外代码，但接口问题仍然存在。现仍以如图 3-2 所示的软件结构图为例进行集成测试，具体实施过程如下所示。

① 确定所有的将要集成在一起的软件单元都已经通过了单元测试。

② 设计开发驱动模块 D1，用来模拟软件单元 B 调用软件单元 D 的关系，然后把测试用驱动模块 D1 和软件单元 D 集成到一起进行测试，具体实施过程如图 3-8 所示。

③ 开发测试用驱动模块 D2，用来模拟软件单元 A 调用软件单元 B 的关系，然后把测试用驱动模块 D2 与已经通过测试的 B 和模块 D 集成起来进行测试，具体实施过程如图 3-9 所示。

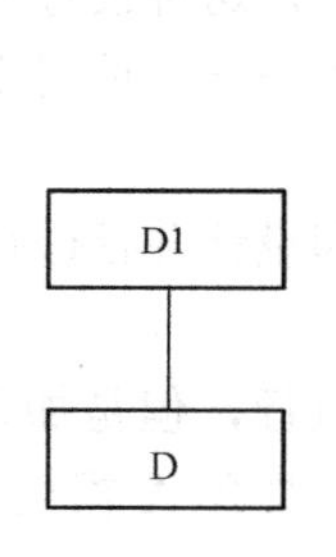

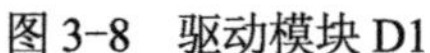
图 3-8　驱动模块 D1

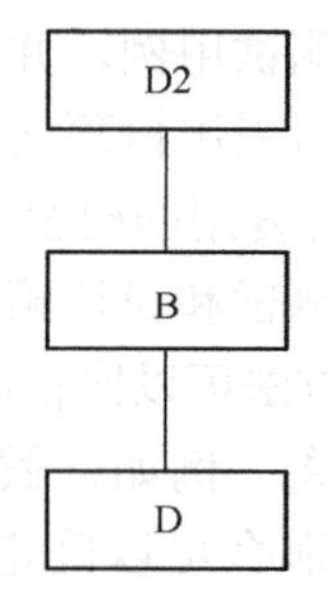

图 3-9　驱动模块 D2

④ 设计开发驱动模块 D3，用来模拟软件单元 C 调用软件单元 E 的关系，然后把测试用驱动模块 D3 和软件单元 E 集成到一起进行测试，具体实施过程如图 3-10 所示。

⑤ 开发测试用驱动模块 D4，用来模拟软件单元 A 调用软件单元 C 的关系，然后把测试用驱动模块 D4 与已经通过测试的 C 和模块 E 集成起来进行测试，具体实施过程如图 3-11 所示。

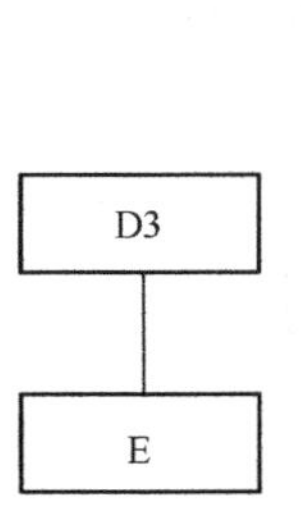

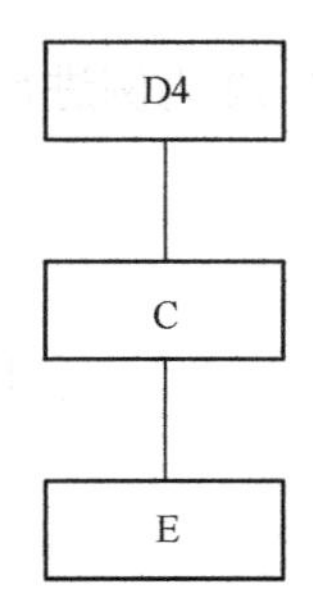

图 3-10　驱动模块 D3

图 3-11　驱动模块 D4

⑥ 把软件单元 A 与其他软件单元一起集成，对整个系统进行测试，具体实施过程如图 3-12 所示。

优点：

- 能够尽早测试底层模块功能。可以在任何一个叶子节点已经就绪的情况下进行集成测试。
- 在工作的最初可能对结构图中，不同分支并行进行集成测试，在这一点上比使用自顶向下的集成效率高。
- 由于驱动模块是额外编写的，而不是实际模块，因此对实际被测模块的可测试性要求比自顶向下的集成策略要小得多。
- 减少了开发桩模块的工作量，在集成测试中，开发桩模块的工作量远比开发驱动模块的工作量大。但为了模拟一些中断或异常，可能还需要设计一定的桩模块。
- 支持故障隔离。

缺点：

- 驱动模块的开发工作量较大。
- 对高层模块的验证推迟到最后阶段，整个系统的功能在测试进入最后阶段才呈现出来。设计上的错误不能及时发现，尤其对于那些控制结构在整个体系中非常关键的产品。
- 随着集成测试进行到了顶层，整个系统将变得越来越复杂，并且对于底层的一些异常将很难覆盖以及被发现，而使用桩模块将简单得多。

适用场景：自底向上的集成测试方法适用于大部分采用结构化方法设计的软件产品，且产品的结构相对比较简单。一般对于大型复杂的项目往往会综合采用多种集成测试方法。

3）三明治集成。

三明治集成也称混合式集成。由于自顶向下的集成测试策略和自底向上的集成测试策略都有各自的缺点，因此综合这两者优点产生了混合式集成测试。三明治集成把系统划分成 3 层，即顶层、目标层（中间层）和底层，中间层为目标层。测试时，对目标层上面的一层使用自顶向下的集成测试策略，对目标层下面的一层使用自底向上的集成测试策略，最后测试在目标层汇合。

现以结构图 3-12 为例进行集成测试，具体实施过程如下所示。

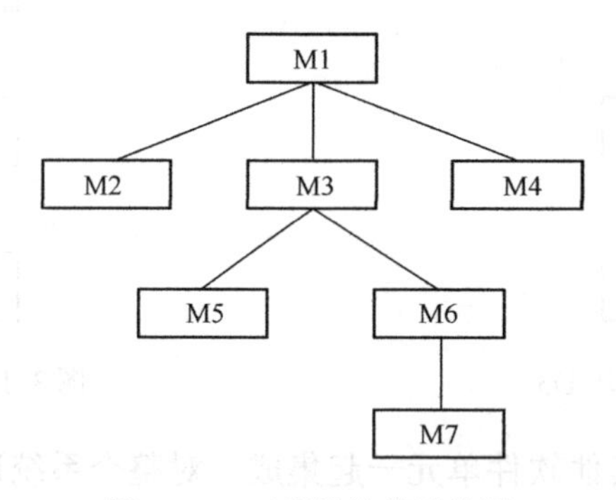

图 3-12　三明治软件结构图

① 首先选择分界层，在此选择 M2-M3-M4 层为界，在 M2-M3-M4 层以上采用自顶向下测试方法，在 M2-M3-M4 层以下采用自底向上测试方法。

② M2-M3-M4 层以上采用自顶向下测试方法，如图 3-13 所示，即对 M1 模块采用自顶向下测试，使用测试用被调用模拟子模块 S1、S2 和 S3 来代替单元 M1 原本实际所调用的软件单元 M2、M3 和 M4，然后对软件单元 M1 进行测试，如图 3-14 所示；然后将图与中间层结合起来进行集成测试。

图 3-13　顶层测试

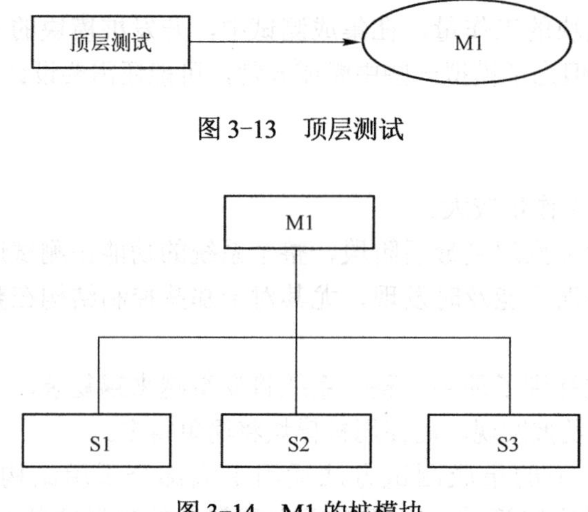

图 3-14　M1 的桩模块

③ 在 M2-M3-M4 层以下采用自底向上测试方法，如图 3-15 所示，即对 M5、M6 和 M7 采用自底向上测试，设计开发驱动模块 D1，用来模拟软件单元 M3 调用软件单元 M5 的关系，然后把测试用驱动模块 D1 和软件单元 M5 集成到一起进行测试；同理设计开发驱动模块 D2，用来模拟软件单元 M6 调用软件单元 M7 的关系，然后把测试用驱动模块 D2 和软件单元 M7 集成到一起进行测试，具体实施过程如图 3-16 所示：接下来，开发测试用驱动模块 D3，用来模拟软件单元 M3 调用软件单元 M6 的关系，然后把测试用驱动模块 D3 与已经通过测试的 M6 和 M7 集成起来进行测试，具体实施过程如图 3-17 所示；然后将通过测试的各个部分与中间层结合起来进行测试。

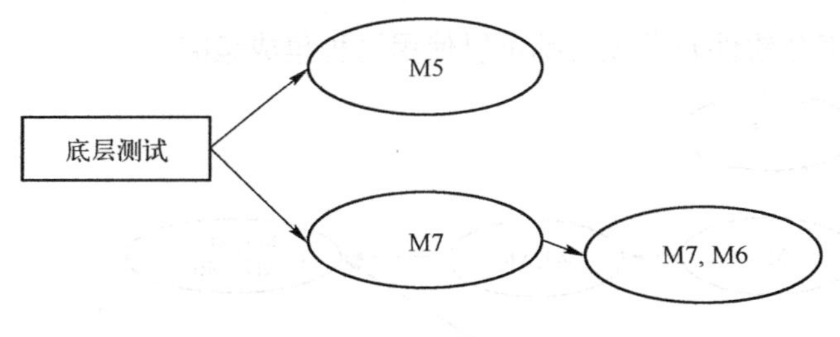

图 3-15　底层测试

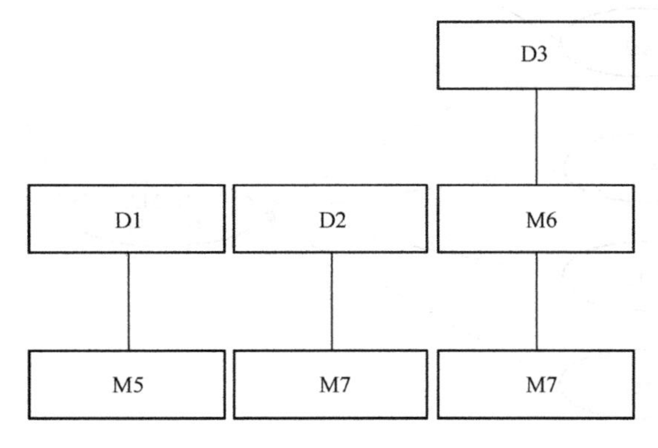

图 3-16　驱动模块

④ 整合测试策略如图 3-17 所示。

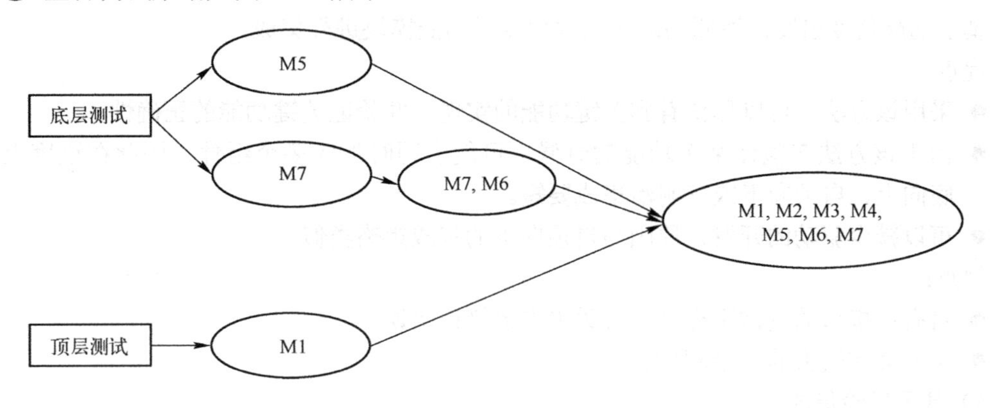

图 3-17　三明治整合测试

但上述方案不能充分测试中间层；例如，容易忽略 M2 和 M4。所以，一般将策略做如下改进：选择 M3 模块为界，对模块 M3 层（M3 即 M2-M3-M4 层）上面使用自顶向下集成测试策略，模块 M3 层下面使用自底向上集成测试策略，对 M3 层使用独立测试策略（即对该层模块设计桩模块和驱动模块完成对目标层的测试）。具体策略如图 3-18 所示。

优点：综合了自顶向下和自底向上的两种集成测试策略的优点。

缺点：

- 中间层在集成前测试不充分。
- 三明治集成的使用范围是大部分软件开发项目。
- 最大的缺点就是对中间层的测试不够充分。

适用场景：大部分软件开发项目都可以使用这种集成策略。

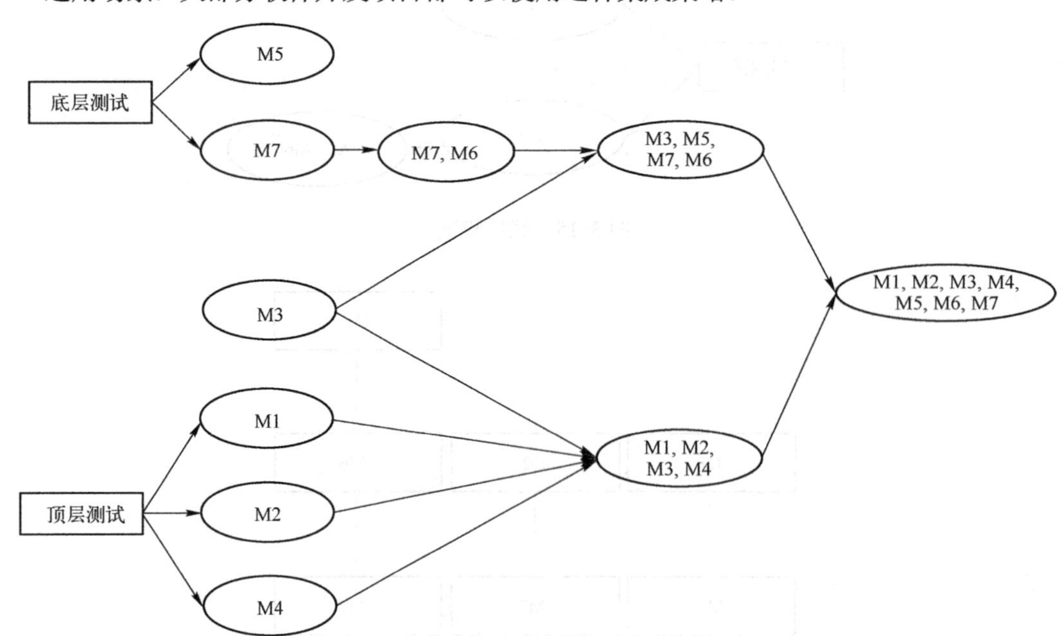

图 3-18　完善的整合策略

4）基于功能的集成。

基于功能角度出发，按照功能的关键程度对功能模块进行集成。

优点：

- 采用该方法，可以尽快看到关键功能的实现，并验证关键功能的正确性。
- 由于该方法在验证某个功能的时候，可能会同时加入多个组件，因此在进度上比自底向上、自顶向下或三明治集成要短。
- 可以减少驱动的开发，原因与自顶向下的集成策略类似。

缺点：

- 对有些接口的测试不充分，会丢失许多接口错误。
- 可能会有较大的冗余测试。

5）基于风险集成。

基于风险的集成是基于这样一个假设：系统风险最高的组件间接口往往是错误集中的地方的假设，因此尽早验证这些接口有助于加速系统的稳定，从而增加对系统的信心。

优点：具有风险的组件最早进行验证，有助于系统的快速稳定。

缺点：需要对各组件的风险有一个清晰的分析。

3.2.3　确认测试

确认测试又称有效性测试。是在模拟的环境下，运用黑盒测试的方法，验证被测软件是否满足需求规格说明书提出的用户需求。任务是验证软件的功能和性能及其他特性是否与用户的要求一致。对软件的功能和性能要求在软件需求规格说明书中已经明确规定，它包含的信息就是软件确认测试的基础。

确认测试的目的是向用户表明系统能够像预定的需求那样工作。经集成测试后，已经按照总体设计的成果——软件结构图把所有的模块组装成一个完整的软件系统，接口错误也已经基本排除，接下来应该进一步验证软件的有效性，这便是确认测试的任务，即软件的功能和性能能够按照用户需求来实现。

基本方法：通过上一步集成测试之后，软件已完全组装起来，接口方面的错误也已排除，确认测试即可开始。确认测试应检查软件能否按需求规格说明书和合同要求完成，即是否满足软件需求说明书中的用户需求确认标准。

实现软件确认要通过黑盒测试来完成。确认测试同样需要制订测试计划和过程，测试计划应规定测试的种类和测试进度，测试过程则定义一些特殊的测试用例，旨在说明软件与需求是否一致。无论是计划还是过程，都应该着重考虑软件是否满足用户需求以及合同规定的所有功能和性能，文档资料是否完整、准确的人机接口、可移植性、兼容性、错误恢复能力和可维护性等是否满足用户的要求。

确认测试的结果有两种可能：一种是功能和性能指标满足软件需求说明，用户可以接受；另一种是软件不满足软件需求说明，用户无法接受。项目进行到此时，才通过测试发现严重错误和偏差一般很难在预定的工期内改正。所以，必须与用户协商，寻求一个双方都满意的解决方案。

确认测试的另一重要环节是配置复审。复审的目的在于保证软件配置齐全、分类有序，并且包括软件维护所必需的细节。

3.2.4　系统测试

系统测试是在所有单元测试、集成测试完成后，对系统的功能及性能的总体测试。系统测试的目的是验证最终软件系统是否满足用户规定的需求。系统测试是将经过集成测试的软件，作为计算机系统的一个部分，与系统中其他部分结合起来，在实际运行环境下对计算机系统进行的一系列严格有效的测试，以发现软件潜在的问题，保证系统的正常运行。

系统不仅仅包括软件本身，而且还包括计算机硬件及其相关的外围设备、实际运行时大批量数据、非正常操作等。通常意义上的系统测试包括压力测试、容量测试、性能测试、安全测试、容错测试等。

系统测试方法主要包括以下内容。

1．功能测试

功能测试属于黑盒测试，是系统测试中最基本的测试。功能测试就是对产品的各功能进行验证，根据功能测试用例，逐项测试，检查产品是否达到用户要求的功能。功能测试主要根据产品的需求规格说明和测试需求列表，验证产品是否符合需求规格说明。

2．协议一致性测试

协议一致性测试指的是检验开放系统互连（OSI）产品的协议实现与 OSI 协议标准一致性程度的测试。主要用于分布式系统。在分布式系统中，很多功能的实现是通过多台计算机相互协作来完成的，这要求计算机之间能相互交换信息，所以需要制定一些规则（协议）。对协议进行测试，通常包括协议一致性测试、协议性能测试、协议互操作性测试、协议健壮性测试。

3. 性能测试

性能测试是通过自动化测试工具模拟多种正常、峰值以及异常的负载情况，测试系统在这些情况下的各项性能指标，主要用于实时系统和嵌入式系统。性能测试软件在集成系统中的运行性能，目标是度量系统的性能和预先定义的目标有多大差距。一种典型的性能测试是压力测试，当系统同时接收极大数量的用户和用户请求时，需要测量系统的应对能力。性能测试要有工具的支持，在某种情况下，测试人员必须自己开发专门的接口工具。

4. 压力测试

压力测试又称强度测试，是在各种超负荷的情况下观察系统的运行情况的测试。压力测试的目标是在极其沉重的负载条件下测量软件的健壮性和错误处理能力，并确保软件在危急情况下不会崩溃。

5. 容量测试

容量测试是在系统正常运行的范围内测试并确定系统能够处理的数据容量。容量测试是面向数据的，主要目的就是检测系统可以处理的数据容量。

6. 安全性测试

安全性测试就是要验证系统的保护机制是否能够抵御入侵者的攻击。保护测试是一种常见的安全性测试，主要用于测试系统的信息保护机制。评价安全机制的性能与安全功能本身一样重要，其中安全性的性能主要包括有效性、生存性、精确性、反应时间、吞吐量。

7. 失效恢复测试

失效恢复测试是验证系统从软件或者硬件失效中恢复的能力。失效恢复测试采用各种人为干预方式使软件出错，人为造成系统失效，进而检测系统的恢复能力。如果恢复需要人为干预，则应考虑平均修复时间是否在限定的范围内。

8. 备份测试

备份测试是失效恢复测试的补充，目的是验证系统在软件或者硬件失效的情况下备份其数据的能力。

9. GUI 测试

GUI 测试是针对软件系统 GUI 界面进行的测试，是一种可优化性测试。GUI 测试与用户友好性测试和可操作性测试有重复，但 GUI 测试更关注对图形界面的测试。GUI 测试分为两个部分：一方面是界面实现与界面设计的情况要符合；另一方面是要确认界面能够正确处理事件。GUI 测试设计测试用例一般要从以下 4 个方面考虑。

- 划分界面元素，并根据界面的复杂性进行分层。通常把界面划分为 3 个层次：第一层是界面原子层；第二层是界面组合元素层；第三层是一个完整的窗口。
- 在不同的界面层次确定不同的测试策略。
- 进行测试数据分析，提取测试用例。
- 使用自动化测试工具进行脚本化工作。

10. 健壮性测试

健壮性测试又称容错测试，用于测试系统在出故障时，是否能够自动恢复或者忽略故障继续运行。健壮性测试的一般方法是软件故障插入测试，在软件故障插入测试中，需要关注 3 个方面：目标系统、故障类型和插入故障的方法。

11．兼容性测试

兼容性测试是检验被测的应用系统对其他系统的兼容性。

12．易用性测试

易用性测试与可操作性类似。检测用户在理解和使用系统方面是否方便。易用性测试是面向用户的系统测试，包括对被测系统的系统功能、系统发布、帮助文本和过程等的测试。最好在开发阶段就开始进行。

13．安装测试

安装测试是验证成功安装系统的能力。

14．文档测试

文档测试是针对系统提交给用户的文档进行验证。文档测试的目标是验证用户文档的正确性并保证操作手册的过程能正常工作。

15．在线帮助测试

在线帮助测试是用于检验系统的实时在线帮助的可操作性和准确性。

16．数据转换测试

数据转换测试是验证已存在数据的转换并载入一个新的数据库是否有效。

3.2.5　验收测试

验收测试是部署软件之前的最后一个测试操作，是在软件产品完成了单元测试、集成测试和系统测试之后，产品发布之前所进行的软件测试活动。它是最后一个测试阶段，也称为交付测试。验收测试的目的是确保软件准备就绪，并且可以让最终用户将其用于执行软件的既定功能和任务，是一个确定产品能否满足合同、用户需求的测试。

实施验收测试的常用策略有正式验收、非正式验收或α测试、β测试。

正式验收测试是一项管理严格的过程，它通常是系统测试的延续。计划和设计这些测试的周密和详细程度不亚于系统测试。选择的测试用例应该是系统测试中所执行测试用例的子集。不要偏离所选择的测试用例方向，这一点很重要。在很多组织中，正式验收测试是完全自动执行的。

在非正式验收测试中，执行测试过程的限定不像正式验收测试中那样严格。在此测试中，确定并记录要研究的功能和业务任务，但没有可以遵循的特定测试用例。测试内容由各测试员决定。这种验收测试方法不像正式验收测试那样组织有序，而且更为主观。在大多数情况下，非正式验收测试是由最终用户组织执行的。

在实际测试中，软件开发人员不可能完全预见用户实际使用程序的情况。因此，软件是否真正满足最终用户的要求，应由用户进行“验收测试”。验收测试既可以是非正式的测试，也可以是有计划、有系统的测试。一个软件产品，可能拥有众多用户，不可能由每个用户验收，此时多采用称为α测试、β测试的过程，以发现那些似乎只有最终用户才能发现的问题。

α测试是指软件开发公司组织内部人员模拟各类用户对即将面市的软件产品（称为α版本）进行测试，试图发现错误并修正。α测试的关键在于尽可能逼真地模拟实际运行环境和用户对软件产品的操作并尽最大努力涵盖所有可能的用户操作方式。

β测试是指软件开发公司组织各方面的典型用户在日常工作中实际使用β版本，并要求用户报告异常情况、提出批评意见。它是一种现场测试，一般由多个客户在软件真实运行环境下实施，因此开发人员无法对其进行控制。β测试也是一种详细测试，需要覆盖产品的所有功能点，因此依赖于功能性测试。在测试阶段开始前应准备好测试计划，清楚列出测试目标、范围、执行的任务，以及描述测试安排的测试矩阵。客户对异常情况进行报告，并将错误在内部进行文档化以供测试人员和开发人员参考。

3.3 基于源代码可见性的测试

根据源代码可见性可将测试分为黑盒测试、白盒测试以及灰盒测试。

3.3.1 黑盒测试

1. 黑盒测试的概念

黑盒测试（Black-box Testing）又称为数据驱动测试或基于规格说明的测试。黑盒测试就是把程序看作一个不能打开的黑盒子，在完全不考虑程序内部结构和内部特性的情况下，注重于测试软件的功能性需求，测试者在软件接口进行测试，它只检查程序功能是否按照规格说明书的规定正常使用、程序是否能接收输入数据而产生正确的输出信息，并且保持数据库或文件的完整性。依据程序功能的需求规范考虑确定测试用例和推断测试结果的正确性。通过黑盒测试来检测每个功能是否都能正常运行，因此黑盒测试是从用户观点出发的测试。

由于黑盒测试不需要了解程序内部结构，所以许多高层的测试（如确认测试、系统测试、验收测试）都采用黑盒测试。黑盒测试有两种结果，即通过测试和测试失败。如果规格说明有误，用黑盒测试方法能够发现此类错误。黑盒测试原理如图 3-19 所示。

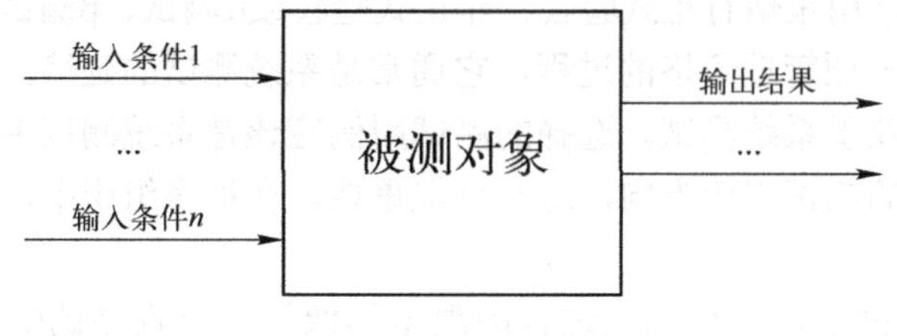

图 3-19　黑盒测试原理

黑盒测试具有如下目的。

- 根据用户需求，检查功能是否有不正确或遗漏。
- 输入的数据或者参数是否能够正确接收，能否输出正确的结果。
- 是否有数据结构错误或外部信息（如数据文件）访问错误。
- 性能上是否能够满足要求。
- 是否有初始化或终止性错误。

黑盒测试方法对被测程序主要进行如下 3 个方面的检查：

- 检查程序能否按需求规格说明书规定正常使用，各个功能是否有遗漏，检测性能等特性要求是否满足。
- 检测人机交互、数据结构或外部数据库访问是否错误，程序是否能适当地接收输入数据而产生正确的输出结果，并保持外部信息（如数据库或文件）的完整性。

● 检测程序初始化和终止方面是否有错。

2. 黑盒测试的方法

黑盒测试原则上采用穷举输入测试，只有把所有可能的输入都作为测试数据输入，才能查出程序中几乎全部的错误。实际上测试情况有无穷多个，进行测试时不仅要测试所有合法的输入，而且还要对那些不合法的、但有可能的输入进行测试。常用的黑盒测试方法有等价类划分法、边界值法、因果图法、决策表法、正交测试法、错误推测法和场景法等，需要应针对软件开发项目的具体特点选择合适的测试方法。

（1）等价类划分法

软件测试最大的缺陷就是测试的不彻底性和不完全性。穷举测试需要的测试用例数量是不切实际的，实际中无法完成。使用等价类划分法可以在有限的测试用例条件下，用少量有代表性的数据得到比较好的测试结果。等价类划分法是一种重要的、典型的黑盒测试方法。等价类划分法是把程序的输入域划分为若干部分，然后从每个部分中选取少量代表性数据作为测试用例。等价类划分方法是一种重要的、常用的黑盒测试用例设计方法，用这一方法设计测试用例可以不用考虑程序的内部结构，以对程序的要求和需求规格说明书为依据，通过分析和推敲说明书的各项需求，对应软件功能需求，把说明书中对输入的要求和输出的要求区别开来并加以分解。

如图所示，图 3-20a 表示已经确定的输入域，根据规格说明书以及输入域的特征，将输入域划分为图 3-20b 的样式，对于有效的输入域，只需要在每一个区域取出一个具有代表性的数据即可，如图 3-20c 所示。对于无效等价类要根据无效等价类的划分，另外再取测试用例，后面章节会做详细介绍。

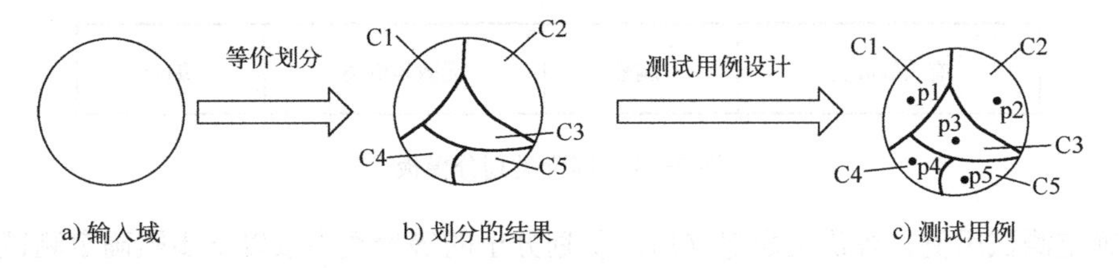

图 3-20　等价类划分图

等价类是指某个输入域的子集合。一个子集合代表一类，每一类的代表性数据在测试中的作用都等效于这一类中的其他值。换言之，测试某等价类的代表值就等于对这一类其他值的测试。如果某一类中的一个例子发现了错误，这一等价类中的其他例子也可能发现同样的错误；反之，如果某一类中的某一个例子没有发现错误，则这一类中的其他例子一般也不会发现错误。这就可以用少量属于等价类的代表性的测试数据，取得较好的测试结果。使用这一方法设计测试用例，必须在分析需求规格说明功能的基础上找出每个输入条件，然后根据等价类划分策略，为每个输入条件划分等价类，列出等价类表，并根据等价类覆盖策略，根据等价类表设计测试用例。等价类可分为有效等价类和无效等价类。

1）有效等价类。有效等价类是指对于程序的规格说明来说是合理的、有意义的输入数据所构成的集合。在具体项目中，有效等价类可以是一个，也可以是多个。利用有效等价类可检验程序是否实现了规格说明中所规定的功能和性能。

2）无效等价类。与有效等价类相反，无效等价类是指对于程序的规格说明来说是不合理的或无意义的输入数据所构成的集合。在具体项目中，无效等价类至少应有一个，也可能有多个。用等价类设计测试用例时，要同时考虑这两种等价类。因为，软件不仅要能接收合理的数据，也要能接收不合理的数据检验。这样的测试才能确保软件具有更高的可靠性。

3）划分等价类的 6 条原则。

- 在输入条件规定了取值范围或值的个数的情况下，可以确定一个有效等价类和两个无效等价类。例如：要求学生年龄为 10～20 岁，则 10～20 岁之间为有效等价类，小于 10 岁和大于 20 岁为两个无效的等价类。
- 在输入条件规定了输入值的集合或者规定了“必须如何”或“不可如何”的条件下，可确定一个有效等价类和一个无效等价类。
- 在输入条件是一个布尔量的情况下，可确定一个有效等价类和一个无效等价类。
- 在规定了输入数据的一组值（假定为若干个），并且程序要对每一个输入值分别处理的情况下，可确定若干有效等价类和一个无效等价类。例如：输入条件说明学生的学位可为学士、硕士、博士 3 种之一。等价类划分为分别取学士、硕士、博士这 3 个值作为 3 个有效等价类。另外，把 3 种学位之外的任何学位作为无效等价类。
- 在规定了输入数据必须遵守的规则的情况下，可确定一个有效等价类（符合规则）和若干个无效等价类（从不同角度违反规则）。
- 在确定已划分的等价类中各元素在程序处理中的方式不同的情况下，则应再将该等价类进一步地划分为更小的等价类。

4）建立等价类表。在确立了等价类后可建立等价类表，列出所有划分出的等价类。在等价类表中，标明有效等价类和无效等价类，并编号，如图 3-21 所示。

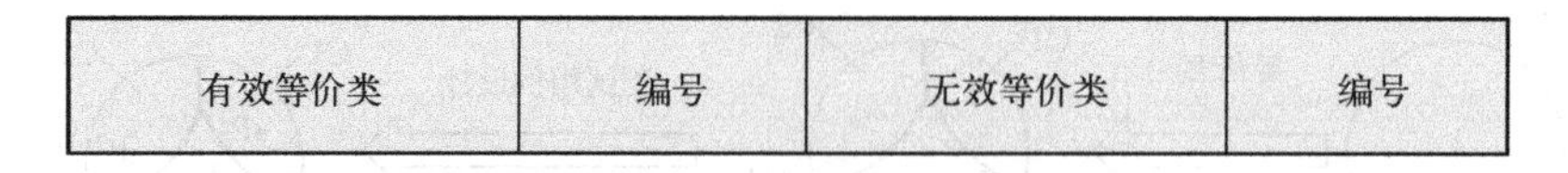

有效等价类	编号	无效等价类	编号

图 3-21　等价类划分模板

5）确定测试用例。等价类表建立后，从划分出的等价类中按以下步骤确定测试用例。

① 为每一个等价类规定一个唯一的编号。

② 设计新的测试用例，使其尽可能多地覆盖尚未被覆盖的有效等价类，重复这一步。直到所有的有效等价类都被覆盖为止。

③ 设计新的测试用例，使其仅覆盖一个尚未被覆盖的无效等价类，重复这一步。直到所有的无效等价类都被覆盖为止。

综上，根据等价类表，按照先覆盖有效等价类，再覆盖无效等价类进行等价类给出测试用例。

6）等价类划分法实例。

例 1　设计学生档案管理系统，对于入学年份设置“日期检查功能”，请运用等价类测试法设计测试用例，绘制出等价类表，为等价类编号，并且设计测试用例，给出预期输入，对于合理的输入应有必要提示，非法输入也要进行提醒。

对于该系统的日期检查功能说明如下：要求输入以年月表示的日期。假设日期限定在 2000 年 1 月—2030 年 12 月，并规定日期由 6 位数字字符组成，前 4 位表示年，后 2 位表示月。现用等价类划分法设计测试用例，“日期检查功能”的测试用例等价类表见表 3-1。

设计等价类表，并进行编号。

表 3-1　“日期检查功能”的测试用例等价类表

输入等价类	有效等价类	无效等价类
日期的类型及长度	① 6 位数字字符	④ 有非数字字符 ⑤ 小于 6 位数字字符 ⑥ 多于 6 位数字字符
年份范围	② 在 1998～2068 之间	⑦ 小于 2000 ⑧ 大于 2030
月份范围	③ 在 01～12 之间	⑨ 等于 00 ⑩ 大于 12

设计测试用例。

表 3-1 中列出了编号分别为①、②、③的 3 个覆盖所有的有效等价类和编号分别为④、⑤、⑥、⑦、⑧、⑨、⑩的 7 个覆盖所有的无效等价类，设计的测试用例结果见表 3-2。

表 3-2　设计的测试用例结果表

测试数据	期望结果	覆盖的有效等价类
200611	输入有效	①、②、③
测试数据	期望结果	覆盖的无效等价类
2001 ¥9	无效输入	④
20096	无效输入	⑤
20120607	无效输入	⑥
198901	无效输入	⑦
207401	无效输入	⑧
203300	无效输入	⑨
200422	无效输入	⑩

划分等价类的要求有如下几点。

- 测试完备合理、避免冗余。
- 划分输入条件、有效等价类和无效等价类重要的是将集合划分为互不相交的一组子集。
- 整个集合完备。
- 子集互不相交，保证一种形式的无冗余性。
- 同一类中标识（选择）一个测试用例。同一等价类中，往往处理相同，“相同处理”映射到“相同的执行路径”。

等价类划分法，不但可以针对输入还可以针对输出，但如果不清楚系统的实现方式，会造成大量的冗余用例。并且，对于多输入的组合不太适宜。

（2）边界值分析法

边界值分析法（Boundary Value Analysis，BVA）列出单元功能、输入、状态及控制的合法边界值和非法边界值，对数据进行测试，检查用户输入的信息、返回结果以及中间计算结果是否正确。边界值分析法较简单，仅是用于考查正处于等价划分边界或在边界附近的状态，选择输入和输出等价类的边界，选取正好等于、刚刚大于或刚刚小于边界的值作为测试数据，而不是选取等价类中的典型值或任意值作为测试数据。它是对等价类划分方法的补充，不仅重视输入条件边界，而且也从输出域导出测试用例。典型的边界值分析包括 if 语句中的判别值、定义域、值域边界、空或畸形输入、未受控状态等。边界值分析法是以边界情况的处理作为主要目标专门设计测试用例的方法。

边界值分析法与等价类划分法的区别是：边界值分析法不是从某等价类中随意选一个作为代表，而是使这个等价类的每个边界都要作为测试条件；边界值分析法不仅考虑输入条件边界，还要考虑输出域边界产生的测试情况。

基于边界值分析法选择边界值应遵循以下原则。

- 如果输入条件规定了值的范围（或是规定了值的个数），则应取刚达到这个范围的边界的值，以及刚刚超越这个范围边界的值作为测试输入数据。
- 如果输入条件规定了值的个数，则用最大个数、最小个数、比最小个数少一的数、比最大个数多一的数作为测试数据。
- 如果程序的规格说明给出的输入域或输出域是有序集合，则应选取集合的第一个元素和最后一个元素作为测试用例。
- 如果程序中使用了一个内部数据结构，则应选择这个内部数据结构边界上的值作为测试用例。
- 分析规格说明，找出其他可能的边界条件。

使用边界值分析法设计测试用例，首先应确定边界情况。通常输入和输出等价类的边界，就是应着重测试的边界情况。应当选取正好等于、刚刚大于或刚刚小于边界的值作为测试数据，而不是选取等价类中的典型值或任意值作为测试数据。

常见的边界值如下。

- 屏幕上光标在最左上、最右下的位置。
- 报表的第一行和最后一行。
- 数组元素的第一个和最后一个。
- 循环的第 1 次、倒数第 2 次、最后一次。

以下从标准边界值分析法和健壮性边界值分析法两个角度介绍边界值方法的实施过程。

1）标准边界值分析法。

定义：有 n 个输入变量，设计测试用例使得一个变量在数据有效区域内取最大值（Max）、略小于最大值（Max−）、中间任一正常值（Normal）、略大于最小值（Min+）和最小值（Min）。对于有 n 个输入变量的程序，一般性边界值分析的测试用例个数为 $4n+1$。

例如：两个输入变量为 $a \leqslant x \leqslant b$，$d \leqslant y \leqslant c$，且为整数，采用上述测试方法进行测试，其取值如图 3-22 所示。

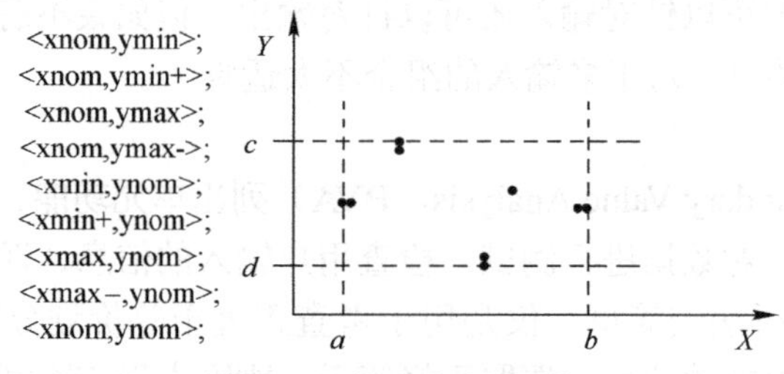

图 3-22　标准边界值分析

例 2：使用标准边界值分析法测试一个函数 Text（int *x*，int *y*），该函数有两个变量 *x* 和 *y* 均为整数，*x* 和 *y* 的取值范围分别是 100≤*x*≤200，50≤*y*≤150。

解：相应的测试用例表见表 3-3。

表 3-3　标准边界值表

测试模块	测试区间	测试用例编号	预期输入	预期输出
Text(int *x*,int *y*)	*x* 为最小值，*y* 为正常值	1	*x*=100, *y*=100	有效
	x 略大于最小值，*y* 为正常值	2	*x*=101, *y*=100	有效
	x 略小于最大值，*y* 为正常值	3	*x*=199, *y*=100	有效
	x 等于最大值，*y* 为正常值	4	*x*=200, *y*=100	有效
	x 为正常值，*y* 为最小值	5	*x*=150, *y*=50	有效
	x 为正常值，*y* 略大于最小值	6	*x*=150, *y*=51	有效
	x 为正常值，*y* 略小于最大值	7	*x*=150, *y*=149	有效
	x 为正常值，*y* 等于最大值	8	*x*=150, *y*=150	有效
	x 为正常值，*y* 为正常值	9	*x*=150, *y*=100	有效

2）健壮性边界值分析法。

健壮性是指在异常情况下软件还能正常运行的能力。健壮性主要考虑的是预期输出，而不是输入。健壮性边界值分析法是边界值分析的一种简单扩展。除了变量的 5 个边界分析取值还要考虑略超过最大值（max+）和略小于最小值（min−）时的情况。健壮性边界值分析法的最大价值在于观察处理异常情况，它是检测软件系统容错性的重要手段。对于有 *n* 个输入变量的程序，健壮性边界值分析法的测试用例个数为 6*n*+1。例如，两个输入变量为 *a*≤*x*≤*b*，*d*≤*y*≤*c*，且为整数，采用上述测试方法进行测试，其取值如图 3-23 所示。

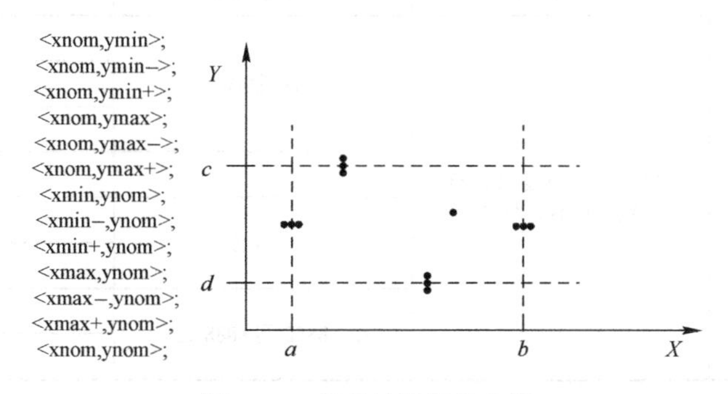

图 3-23　健壮性边界值分析

例 3：使用健壮性边界值分析法测试一个函数 Text（int *x*，int *y*），该函数有两个变量 *x* 和 *y* 均为整数，*x* 和 *y* 的取值范围分别是 100≤*x*≤200，50≤*y*≤150。

解：相应的测试用例表见表 3-4。

表 3-4 健壮性边界值表

测试模块	测试区间	测试用例编号	预期输入	预期输出
Text(int *x*,int *y*)	*x* 为最小值，*y* 为正常值	1	*x*=100, *y*=100	有效
	x 略大于最小值，*y* 为正常值	2	*x*=101, *y*=100	有效
	x 略小于最大值，*y* 为正常值	3	*x*=199, *y*=100	有效
	x 等于最大值，*y* 为正常值	4	*x*=200, *y*=100	有效
	x 等于最大值大的值，*y* 为正常值	5	*x*=201, *y*=100	有效
	x 等于最小值小的值，*y* 为正常值	6	*x*=99, *y*=100	有效
	x 为正常值，*y* 为最小值	7	*x*=150, *y*=50	有效
	x 为正常值，*y* 略大于最小值	8	*x*=150, *y*=51	有效
	x 为正常值，*y* 略小于最大值	9	*x*=150, *y*=149	有效
	x 为正常值，*y* 等于最大值	10	*x*=150, *y*=150	有效
	x 为正常值，*y* 等于最大值	11	*x*=150, *y*=151	有效
	x 为正常值，*y* 等于最小值小的值	12	*x*=150, *y*=49	有效
	x 为正常值，*y* 为正常值	13	*x*=150, *y*=100	有效

例 4： 一个 4 位整数加法器，需求分析中要求如下。

- 第一个数和第二个数都是只能输入-8888 到 8888 之间的整数；
- 对于输入的小于-8888 的数据或者大于 8888 的数据，程序应给出明确提示；
- 对于输入的小数、字符等非法数据，程序应给出明确提示。

请采用等价类方法，并且结合边界值法设计测试用例，不考虑超出边界的情况。

解：

① 绘制等价类划分表，见表 3-5。

表 3-5 等价类划分

测试对象	数据要求	有效等价类	无效等价类
第一个数	-8888 到 8888 之间的整数，且不能为空	1：整数	4：小数
			5：字母
			6：特殊字符
			空格
		2：4 位	7：大于 4 位
			8：小于 4 位
		3：-8888 到 8888 之间	9：比-8888 小
			10：比 8888 大

② 按照表 3-5 给出有效测试用例和无效测试用例，见表 3-6 和表 3-7。

表 3-6 有效等价类

序号	测试数据	覆盖等价类	期望结果
1	7000	1、2、3	通过运行

表 3-7　无效等价类

序号	测试数据	覆盖等价类	期望结果
2	7000.1	4	非法输入
3	7A00	5	非法输入
4	51$1	6	非法输入
5	23456	7	非法输入
6	123	8	非法输入
7	-9000	9	非法输入
8	9000	10	非法输入

边界值法需要测试以下数据：-8888.-8887,1000.8887,8888。

只要有数据输入的地方基本都可以使用边界值法。边界值法一般与等价类划分法一起使用，从而形成一套较为完善的测试方案。

（3）因果图法

1）因果图法基本概述。

因果图法是一种适合于描述对于多种输入条件的组合，对应产生多个动作形式的方法。它利用图解法分析输入条件的各种组合情况，从而设计测试用例，适合于检查程序输入条件的各种组合情况。在因果图里，将条件称之为原因，将动作称之为结果。在因果图中不但需要考虑条件的组合问题，对于条件之间的约束也会进一步研究，并将其通过图形符号描述出来。

等价类划分法和边界值分析法都是着重考虑输入条件，但并没有考虑输入条件的各种组合以及他们之间的相互制约关系。针对等价类和边界值，虽然输入条件可能出错的情况已经测试到了，但多个输入条件组合起来可能出错的情况却被忽视了，要检查输入条件的组合需要进一步采用决策表或者因果图法，不但考虑条件组合，还要考虑条件之间的制约关系。

采用因果图法能帮助我们设计出一组高效的测试用例；同时，还能为我们指出程序规范描述中存在什么问题。因果图绘制结束后，通过判定表进行测试用例的设计。

2）因果图符号。

因果图的 4 种关系符号如下。

- 恒等关系符号如图 3-24a 所示。若 c1 是 1，则 e1 也为 1，否则 e1 为 0。
- 非关系符号如图 3-24b 所示。若 c1 是 1，则 e1 也为 1，否则 e1 为 0。
- 或关系符号如图 3-24c 所示。若 c1 或 c2 或 c3 是 1，则 e1 为 1，否则 e1 为 0。
- 与关系符号如图 3-24d 所示。若 c1 和 c2 都是 1，则 e1 为 1，否则 e1 为 0。

用伪代码表示基本关系如图 3-25 所示。

因果图中使用了简单的逻辑符号，以直线连接左右节点。左节点表示输入状态（或称原因），右节点表示输出状态（或称结果）。另外，输入状态相互之间还可能存在某些依赖关系，称为约束。例如，某些输入条件本身不可能同时出现，输出状态之间也往往存在约束。在因果图中，用特定的符号标明这些约束。

输入状态相互之间还可能存在某些依赖关系，称为约束。例如，某些输入条件本身不可能同时出现。输出状态之间也往往存在约束。在因果图中用特定的符号标明这些约束。

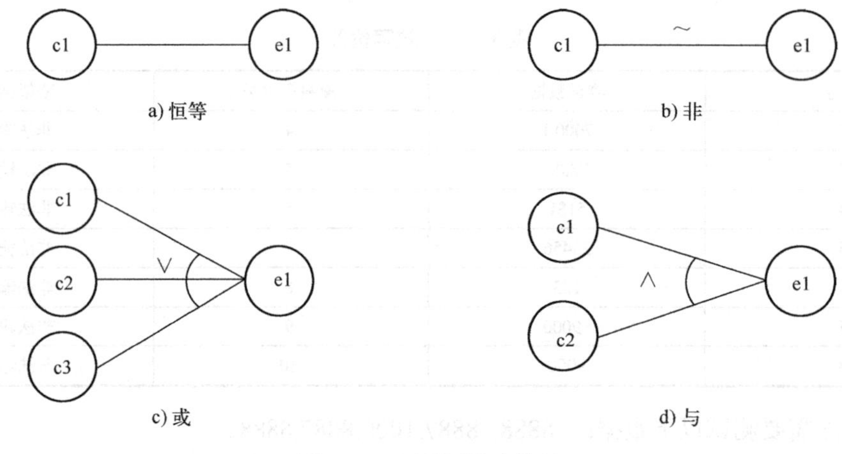

图 3-24　因果图基本符号

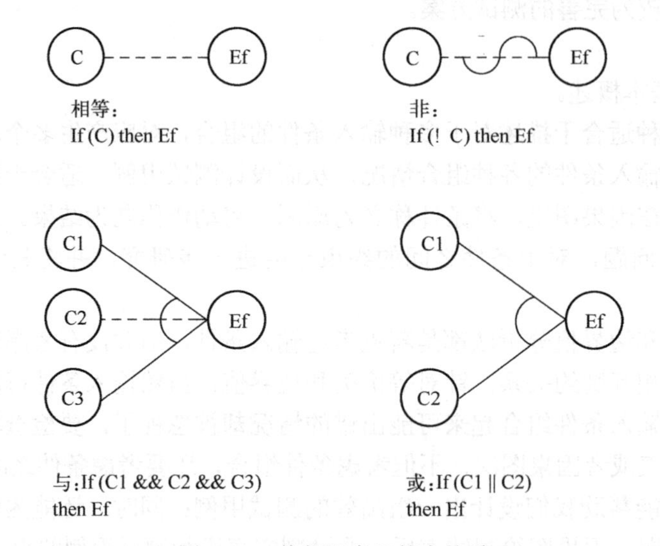

图 3-25　伪代码表示基本关系

输入约束如下。

- E 约束符号（异）：a 和 b 中至多有一个可能为 1，即不能同时为 1。E 约束符号如图 3-26a 所示。
- I 约束（或）：a、b 和 c 中至少有一个必须是 1，即 a、b 和 c 不能同时为 0。I 约束符号如图 3-26b 所示。
- O 约束符号（唯一）：a 和 b 必须有一个，且仅有一个为 1。O 约束符号如图 3-26c 所示。
- R 约束符号（要求）：a 是 1 时，b 必须是 1，即不可能 a 是 1 时 b 是 0。R 约束符号如图 3-26d 所示。

输出约束如下。

M 输出条件的约束符号（强制）：若结果 0 是 1，则结果 b 强制为 0。M 约束符号如图 3-26e 所示。

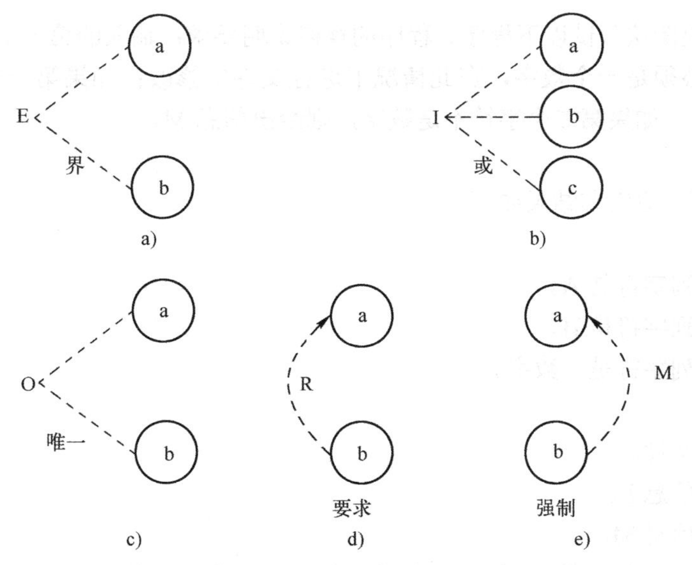

图 3-26　因果图约束符号

用伪代码表示约束关系如图 3-27 所示。

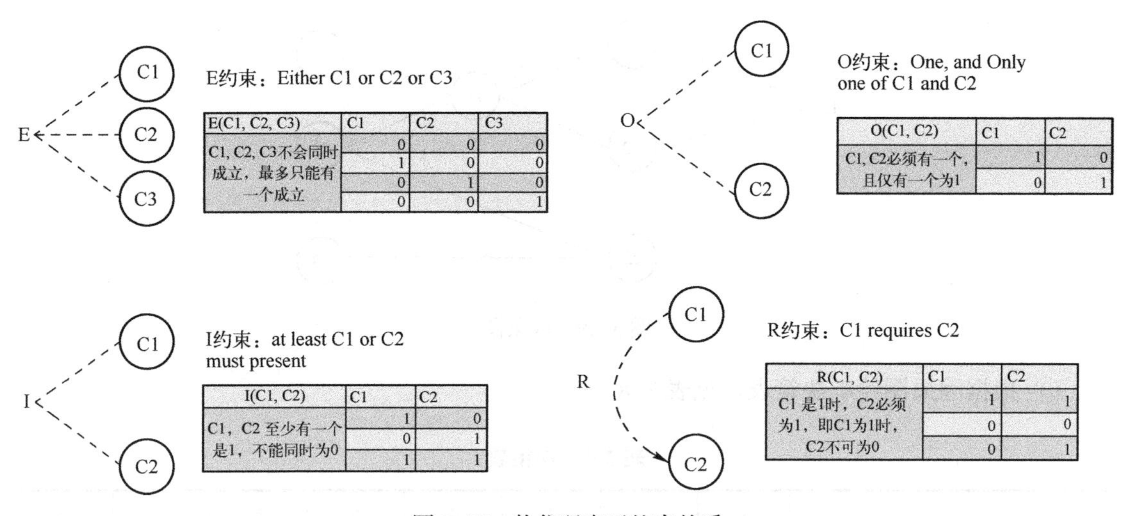

图 3-27　伪代码表示约束关系

利用因果图导出测试用例需要经过以下几个步骤，如图 3-28 所示。

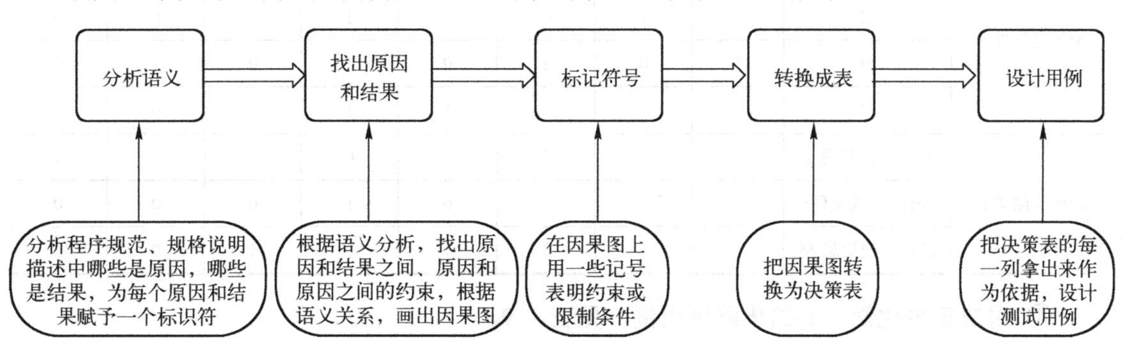

图 3-28　基本步骤

例 5：用因果图法测试以下程序。程序的规格说明要求：输入的第一个字符必须是 A 或 B，第二个字符必须是一个数字，在此情况下进行文件的修改；如果第一个字符不是 A 或 B，则给出信息 L，如果第二个字符不是数字，则给出信息 M。

解：

① 根据题意，原因和结果如下。

原因

- c1：第一列字符是 A。
- c2：第一列字符是 B。
- c3：第二列字符是一数字。

结果

- e1：修改文件。
- e2：给出信息 L。
- e3：给出信息 M。

② 程序规格说明因果图如图 3-29 所示。其中，11 为中间状态，考虑到 c1 和 c2 不可能同时为 1，因此，在 c1 和 c2 上施加 E 约束。

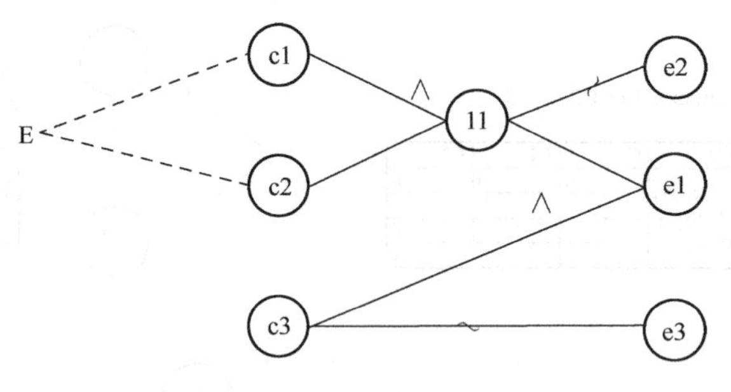

图 3-29　因果图

③ 根据因果图绘制决策表，见表 3-8。

表 3-8　决策表

		1	2	3	4	5	6	7	8
原因（条件）	c1	1	1	1	1	0	0	0	0
	c2	1	1	0	0	1	1	0	0
	c3	1	0	1	0	1	0	1	0
	11			1	1	1	1	0	0
动作（结果）	e2：给出信息 L			0	0	0	0	1	1
	e1：修改文件			1	0	1	0	0	0
	e3：给出信息 M			0	1	0	1	0	1

④ 对决策表化简，并给出测试用例，见表 3-9。

表 3-9　化简后的决策表

		1	2	3	4	5	6	7
原因（条件）	c1	1	1	1	1	0	0	0
	c2	1	1	0	0	1	1	0
	c3	1	0	1	0	1	0	1
	11			1	1	1	1	0
动作（结果）	e2：给出信息 L			0	0	0	0	1
	e1：修改文件			1	0	1	0	0
	e3：给出信息 M			0	1	0	1	0
测试用例				A6	Aa	B9	BP	C5
				A0	A@	B1	B*	H4

（4）决策表法

因果图法中的判定表/决策表是分析多逻辑条件下，考虑逻辑条件取值的组合，并根据条件组合执行不同操作的情况下的工具。通过判定表，可以将复杂的逻辑关系和多种条件组合的情况表述出来。

判定表由 4 个部分组成，如图 3-30 所示。

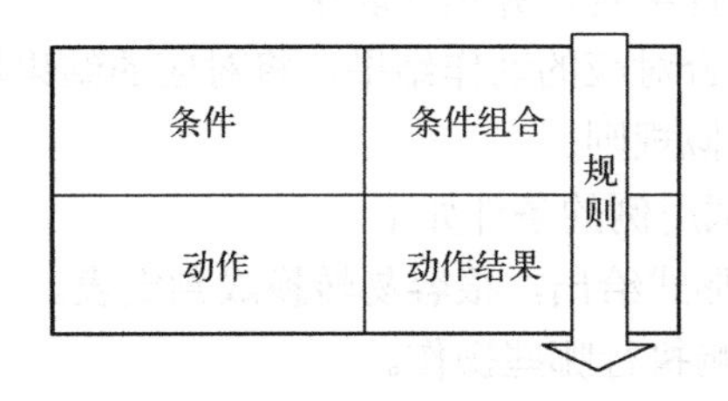

图 3-30　决策表 4 部分

- 条件：列出规格说明中的所有条件；一般认为，条件的顺序不影响组合结果。
- 动作：列出了各种条件组合可能采取的操作（结果），这些操作的排列顺序没有约束。
- 条件组合：根据规格说明，进行条件组合；即将所有可能情况下的真假值进行组合。
- 动作结果：列出在条件项的各种取值情况下应该采取的动作（结果）。

任何一个条件组合的特定取值及其相应要执行的动作，在判定表中贯穿条件组合和动作结果的一列，称之为规则。判定表中列出多少组条件组合的取值，也便对应多少条规则，即条件项和动作项有多少列。

判定表的化简，即规则合并就是由两条或多条规则合并为一条规则。如图 3-31 所示，两规则动作结果项一致，条件项类似，在 1、2 条件项分别取 Y、N 时，无论条件 3 取何值，都执行同一动作。即要执行的动作与条件 3 无关，规则可合并。“-”表示与取值无关。与图 3-31a 类似，在图 3-31b 中，无关条件项“-”可包含其他条件项取值，具有相同动作的规则可合并。考虑规则合理性的前提下的相同动作是否具有合并的意义，合并后是否破坏规格说明合理性。

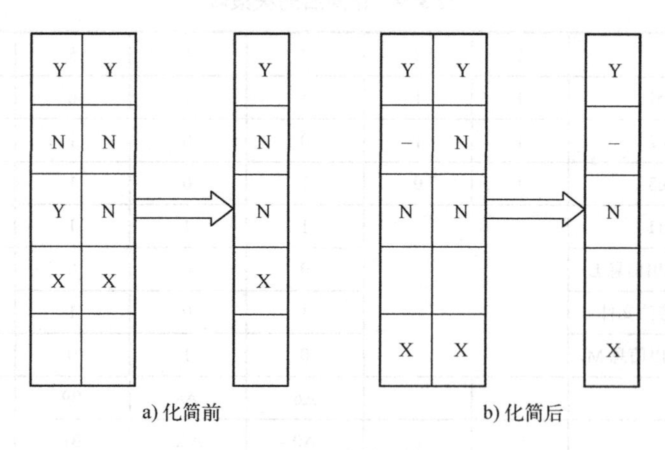

图 3-31 表的化简

判定表的建立步骤如下。

① 确定规则的个数。假如有 n 个条件（原因），每个条件有两个取值真和假（即 0 和 1），故有 $2n$ 种规则。

② 列出所有的条件和动作。

③ 根据规格说明进行条件组合，并填入表中。

④ 根据规格说明条件组合对应的动作结果，将对应的结果填入表中。

⑤ 简化判定表，合并相似规则。

适合使用判定表设计测试用例的条件如下。

- 规格说明以条件组合形式给出，很容易转换成判定表。
- 条件的排列顺序不影响执行哪些操作。
- 规则的排列顺序不影响执行哪些操作。
- 每当某一规则的条件已经满足，并确定要执行的操作后，不必检验别的规则。
- 如果某一规则得到满足要执行多个操作，这些操作的执行顺序无关紧要。

例 6：某仓库发货方案如下。

欠款时间在 20 天以内（含）的，如果需求量不大于库存量，则立即发货，否则先按库存发货，进货后再补发。

欠款时间在 20 天以上 60 天以内（含）的，如果需求量不大于库存量，则先付款再发货，否则不发货。

欠款时间在 60 天以上的，通知先还款。

解：

① 确定条件和动作。

条件如下：≤20 天；>60 天；<库存量

行动如下：先按库存发，进货后补货；先付款再发货；不发货。

② 确定决策表。决策表见表 3-10。

表 3-10　决策表

		1	2	3	4	5	6	7	8
条件	≤20 天	Y	Y	Y	Y	N	N	N	N
	>60 天	Y	Y	N	N	Y	Y	N	N
	<库存量	Y	N	Y	N	Y	N	Y	N
行动	立即发货	√		√					
	先按库存发，进货后补货		√		√				
	先付款再发货							√	
	不发货								√
	要求先还款					√	√		

③ 化简决策表。化简结果见表 3-11。

表 3-11　化简后的决策表

		1	2	3	5	6
条件	≤20 天	Y	Y	N	N	N
	>60 天	—	—	Y	N	N
	<库存量	Y	N	—	Y	N
行动	立即发货	√				
	先按库存发，进货后补货		√			
	先付款再发货				√	
	不发货					√
	要求先还款			√		

（5）错误推测法

错误推测法是依据对被测软件分析和设计的理解、设计，编码人员的经验、直觉，个人的判断，来推测程序中可能存在的缺陷，从而有针对性地设计测试用例。该方法依赖编程或者测试人员个人能力来进行测试，一般与其他方法结合在一起使用，而不是单独用来设计测试用例。

错误推测法的基本思想：基于直觉和经验推测出错的可能类型，列举出程序中所有可能有的错误和容易发生错误的情况的清单，然后依据清单来编写测试用例；并且在阅读规格说明时联系程序员可能做的假设来确定测试用例。

错误猜测法并没有固定的测试策略，而是一般依赖于测试人员的经验、能力以及态度。如以下案例所示。

例 7：成绩报告的程序中，采用错误推测法还可补充设计一些测试用例。

- 程序是否把空格作为回答。
- 在回答记录中混有标准答案记录。
- 除了标题记录外，还有一些的记录最后一个字符既不是 2 也不是 3。
- 有两个学生的学号相同。
- 试题数是负数。

例 8：对线性表（如数组）排序的程序进行测试，可推测列出以下几项需要特别测试的情况。

- 输入的线性表为空表。
- 表中只含有一个元素。
- 输入表中所有元素已排好序。
- 输入表已按逆序排好。
- 输入表中部分或全部元素相同。

例 9：测试手机终端的通话功能，可以设计各种通话失败的情况来补充测试用例。

- 无 SIM 卡插入时进行呼出（非紧急呼叫）。
- 插入已欠费 SIM 卡进行呼出。
- 射频器件损坏或无信号区域插入有效 SIM 卡呼出。
- 网络正常，插入有效 SIM 卡，呼出无效号码（如 1、888、333333、不输入任何号码等）。
- 网络正常，插入有效 SIM 卡，使用“快速拨号”功能呼出设置无效号码的数字。

3．黑盒测试法选择策略

- 首先，根据规格说明，针对输入、输出条件尝试划分等价类，采用等价类方法进行划分。
- 在任何情况下都必须考虑是否使用边界值分析方法。
- 可以通过错误推测法补充测试用例。
- 如果程序的规格说明中含有输入条件的组合情况，可考虑采用判定表法进行测试。
- 如果程序的规格说明中，不但含有输入条件的组合，而且条件间存在约束的情况，可考虑采用因果图法进行测试。
- 对于参数配置类的软件，要用正交试验法选择较少的组合方式达到最佳效果。
- 功能图法，通过不同时期条件的有效性设计不同的测试数据。
- 对于业务流清晰的系统，可以利用场景法贯穿整个测试案例过程，在案例中综合使用各种测试方法。

通常在确定测试方法时，应遵循以下原则。

- 对软件进行必要的风险分析，确定程序的重要性和故障造成损失的程度，根据重要性和程度的不同，安排测试先后顺序和重要性程度。
- 以尽可能少的产生测试用例为前提，选择测试方法，达到尽可能多的发现程序中错误的目的。一次完整的软件测试过后，程序中遗留的错误过多并且严重，很有可能意味着程序中留下的错误更多，表明本次测试不够完善，意味着可能会带来隐藏的风险。

3.3.2 白盒测试

白盒测试又称为逻辑结构测试、逻辑驱动测试或基于程序的测试。它一般用来分析程序的内部结构。它依赖于程序逻辑结构，针对特定条件和循环设计测试用例，对程序的逻辑路径进行测试。通过在程序的不同点检验程序，从而判断实际运行是否和预期一致。白盒测试原理如图 3-32 所示。

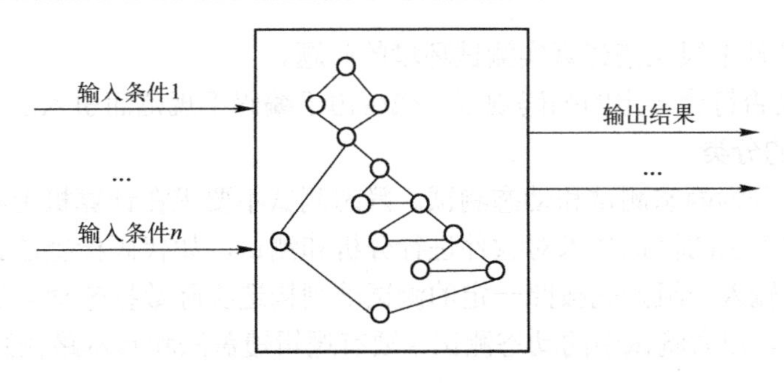

图 3-32 白盒测试原理

用这种方法进行程序测试时，测试者可以看到被测程序的逻辑结构，并利用其分析程序的内部构造。因此，白盒测试要求对被测程序的路径做到一定程度的覆盖，并以测试的充分性来衡量测试的效果，也称为基于覆盖的测试技术。

1. 白盒测试的关键点

在白盒测试中，可以使用各种测试方法进行测试。但是，测试时要考虑以下 4 个问题。

- 测试中遵循先静后动的原则：先对静态结构进行分析，例如：静态结构分析、代码走查和静态质量度量；然后进行动态测试，例如：覆盖率测试。此时，可以采用自动化工具。
- 利用静态分析的结果作为依据，再使用代码检查和动态测试的方式对静态分析结果做进一步确认，提高测试效率的同时，更能够提升测试的准确性。
- 覆盖率测试是白盒测试中的重要方法，一般使用多种覆盖率标准衡量代码的覆盖率。
- 在不同的测试阶段，白盒测试的重点是不同的。主要针对以下几个阶段。

1）在单元测试阶段：以程序语法检查、程序逻辑检查、代码检查、逻辑覆盖为主。

2）在集成测试阶段：需要增加静态结构分析、静态质量度量、以接口测试为主。

3）在系统测试阶段：在真实系统工作环境下通过与系统的需求规格说明书作比较，检验完整的软件配置项能否和系统正确连接，发现软件与系统、子系统设计文档和软件开发合同规定不符合或与之相矛盾或者违背的地方，验证系统是否满足了需求规格说明的定义，找出与需求规格不相符合的地方，从而提出相对准确和完善的方案，确保最终软件系统满足产品需求并且遵循系统设计的标准和规定，提高软件质量。

4）验收测试阶段：按照需求开发，体验该产品是否能够满足最终用户的使用要求，用户是否拥有良好的体验，有没有达到原设计水平，完成的功能怎样，是否符合用户的需求，以达到预期目的为主。

2. 白盒测试的目的

- 保证程序中所有关键路径均得到测试，防止由于没有执行测试的路径在实际投入运行后发生意外情况。
- 衡量测试完整性。
- 程序内部所有条件的逻辑值真、假两个分支的覆盖。
- 检查内存泄露。
- 异常处理的分支语句的执行。

- 解决实验条件下很难搭建真实测试环境的问题。
- 检查代码是否符合一定的编码规范，减少由于编码不规范而引入的错误。

3．白盒测试的分类

白盒测试可以分为静态测试和动态测试。静态测试不要求在计算机上实际执行所测试的程序，主要以一些人工的模拟技术对软件进行分析和测试，如代码检查法、静态结构分析法等；动态测试通过输入一组预先按照一定的测试准则构造实际数据来动态运行程序，达到发现程序错误的过程。白盒测试中的动态测试主要有逻辑覆盖法和基本路径测试法。

（1）静态测试

1）代码检查法。代码检查的内容主要包括代码走查、桌面检查、代码审查等活动及过程。代码检查的功效是能快速找到软件缺陷或错误。测试业界实践表明，通过代码（通常是源代码）的走查过程，可发现程序中 30%～45%的程序逻辑设计及编码中的缺陷或者错误。代码检查在实际软件开发过程中被普遍采用，特别是针对组件（即单元）测试。

代码检查法的具体步骤如下。

① 代码走查。代码走查的目的是确定代码是否正确。开发人员进行头脑风暴，集中讨论代码，主要检查代码的逻辑和语法是否正确的过程；在走查过程中不能用编程人员自己的思维看待自编代码。走查与代码审查基本相同，其过程分为两步。

首先，把程序相关材料发给走查小组，走查小组成员通过研究程序，然后召开会议。开会过程中，参加会议的测试组成员为所测程序准备一批有代表性的测试用例，提交给走查小组。走查小组开会讨论，检查测试用例执行，让测试用例按照程序的逻辑运行一遍，运行过程中，记录程序的执行过程，供小组分析和讨论用。

通过程序执行测试用例，可以找出程序中的逻辑以及功能方面的问题，结合问题展开头脑风暴，从而发现程序中更多的问题。

代码走查应在编译和动态测试之前进行，在走查前，应准备好需求文档、程序设计文档、程序的源代码清单、代码编码标准和代码缺陷检查表等。

在实际使用中，代码走查能快速找到缺陷，而且代码走查看到的是问题本身而非征兆。但是代码走查非常耗时，并且，代码走查需要知识和经验的积累。

为了提高测试效率，代码走查可以使用自动化测试工具进行，降低劳动强度，或者使用人工进行测试，以充分发挥人特有的逻辑思维能力去分析程序问题。

② 桌面检查。该方法由程序员自己检查其编写的程序。程序员在程序通过编译之后，对源程序代码进行分析、检验，并补充相关的文档，目的是发现程序中的错误。

由于程序员熟悉自己的程序及其程序编程思路和习惯，桌面检查由程序员自己进行可以节省很多的检查时间，但应避免主观片面性和由于自我检测不容易发现自身问题的情况。

③ 代码审查。代码审查是由若干程序员和测试员组成一个审查小组，通过阅读和讨论，对程序进行静态结构分析的过程。

代码审查一般分为 3 类：正式的代码审查、结对编程以及轻量型的非正式代码审查。

正式的代码审查有审慎及仔细的流程，由多位参与者分阶段进行。正式的代码审查是传统审查代码的方式，由软件开发者参加会议，并且审查代码。正式的代码审查可以彻底找到程序中的缺陷，但需要投入相对较多的资源。

结对编程是两个程序员在一个计算机上合作共同工作，一个输入程序，另一个负责审查前者所输入的程序，结对编程是在极限编程中常见的开发方式。

轻量型的非正式代码审查需要投入的资源比正式的代码审查要少，一般会是在正常软件开发流程中同时进行，有时也会将结对编程视为轻量型代码审查的一种。

代码审查一般分两步：第一步，小组负责人事先将设计规格说明书、控制流程图、程序文本及相关要求、规范等分发给小组成员，作为审查的依据。小组成员在充分理解以及阅读这些材料后，进入审查的第二步，召开程序审查会。

会议中，首先由程序员逐句讲解程序的逻辑。在此过程中，程序员或其他小组成员可以提出问题，展开讨论，审查错误是否存在。通过实践表明，在这个会议交流中，程序员能发现许多原来本人也没有发现的错误，而讨论和争议则促进了问题的暴露。

在会前，审查小组每个成员准备一份常见错误的清单，把以往所有可能发生的常见错误罗列出来，供与会者对照检查，以提高审查的效率。

代码审查包括以下项目。

- 检查变量的交叉引用表：重点是检查未说明的变量和违反了类型规定的变量；还要对照源程序，逐个检查变量的引用、变量的使用序列、临时变量在某条路径上的重写情况，局部变量、全局变量与特权变量的使用。
- 检查标号的交叉引用表：验证所有标号的正确性，检查所有标号的命名是否正确，转向指定位置的标号是否正确。
- 检查子程序、宏、函数：验证每次调用与所调用位置是否正确，确认每次所调用的子程序、宏、函数是否存在，检验调用序列中调用方式与参数顺序、个数、类型上的一致性。
- 等价性检查：检查全部等价变量类型的一致性，解释所包含的类型差异。
- 常量检查：确认常量的取值和数制、数据类型，检查常量每次引用同它的取值、数制和类型的一致性。
- 标准检查：用标准检查工具软件或手工检查程序中违反标准的问题。
- 风格检查：检查发现程序在设计风格方面的问题。
- 比较控制流：比较由程序员设计的控制流图和由实际程序生成的控制流图，寻找和解释每个差异，修改文档并修正错误。
- 选择、激活路径：在程序员设计的控制流图上选择路径，再到实际的控制流图上激活这条路径。如果选择的路径在实际控制流图上不能被激活，则源程序可能有错。
- 对照程序的规格说明，详细阅读源代码，逐字逐句进行分析和思考，比较实际的代码和期望的代码，从它们的差异中发现程序的问题和错误。
- 补充文档：桌面检查的文档是一种过渡性的文档，不是公开的正式文档。通过编写文档，也是对程序的一种下意识的检查和测试，可以帮助程序员发现和抓住更多的错误。管理部门也可以通过审查桌面检查文档，了解模块的质量、完全性、测试方法和程序员的能力。
- 根据检查项目可以编制代码规则、规范和检查表等作为测试用例，如编码规范、代码检查规则、缺陷检查表等。

2）静态结构分析法。在静态结构分析中，测试者通过使用测试工具分析程序源代码的系统结构、数据结构、内部控制逻辑等内部结构，生成函数调用关系图、模块控制流图、内部文件调用关系图、子程序表、宏和函数参数表等各类图形图标，可以清晰地标识整个软件系统的组成结构，使其便于阅读和理解，然后可以通过分析这些图标，检查软件有没有存在缺陷或错误。静态结构分析法主要有以下 4 种方法。

① 数据流分析（Data Flow Analysis）法。数据流分析测试是指变量定义（赋值）与使用位置的一种基于程序结构性的测试方法。该分析方法重点关注变量的定义与使用。在选定的一组代码中搜索某个变量所有的定义、使用位置，并检查在程序运行时该变量的值将会如何变化，从而分析是否是 Bug 的产生原因。

数据流分析与路径测试的区别在于：路径测试基本上是从数学（控制流图）角度来分析的，而数据流测试则是利用了变量之间的关系，通过定义-使用路径和程序片，得到一系列的测试指标用于衡量测试的覆盖率。

数据流指的是数据对象的顺序和可能状态的抽象表示。数据对象的状态可以是创建/定义（Creation/Defined）、使用（Use）和清除/销毁（Killed/Destruction）。数据值的变量存在从创建、使用到销毁的一个完整状态。编码错误导致的变量赋值错误检查是发现代码缺陷或错误的一种有效方法。实际上该方法可认为是路径测试的“真实性”检查，是对基于路径测试的一种改良。

数据流分析的作用是用来测试变量设置点和使用点之间的路径。这些路径也称为“定义-使用对”（definition-use 或 du-pairs）或“设置-使用对”。通过数据流分析而生成的测试集可用来获得针对每个变量的“定义-使用对”的 100%覆盖。但是，要追踪整个程序代码中的每个变量的设置和使用时，并不需要在测试时考虑被测对象的控制流。

② 基于约束的分析（Constraint-based Analysis）法。从程序文本中产生一系列的本地约束，通过解释这些约束来验证所有的属性。

③ 抽象解析（Abstract Interpretation）法。将程序映射成更加抽象的域（Domain），使分析更加具有可跟踪性，达到检验代码的作用；抽象解析通过计算能够直接得出分析结果，而不是像其他类型的方法使用验证的方式进行分析。

④ 类型与结果分析（Type and Effect Analysis）法。是结果系统和注释的类型系统的混合。结果系统表达一个语句的执行有什么结果；注释的类型系统不仅关注程序执行的结果，还提供了对结果系统的补充信息。这种分析广泛应用于各类编译器。

（2）动态测试技术

1）逻辑覆盖法设计测试用例。逻辑覆盖是以程序内部的逻辑结构为基础的设计测试用例，根据测试目标的不同，在辅助测试的过程中，需要先研究程序的程序流程图，并根据程序流程图进行测试用例的设计。可以将逻辑覆盖技术分为以下几种：语句覆盖、判定覆盖、条件覆盖、条件/判定覆盖、条件组合覆盖、路径覆盖。现以如下程序来说明以上 6 种方法。

程序如下：

```
public class Test {
    public void test(int x, int y, int z){
        double m = 0;
        double n = 0;
        //语句块 1
```

```
            if ((x>4) && (z<13)){
                m = x*y - 1;
                n = Math.sqrt(m);
            }
            //语句块 2
            if ((x==6) || (y>5)){
                n = x*y + 10;
            }
            //语句块 3
            n = n % 3;
        }
    }
```

根据上述程序绘制程序的软件流程图，并对相应的控制流进行编号，如图 3-33 所示。

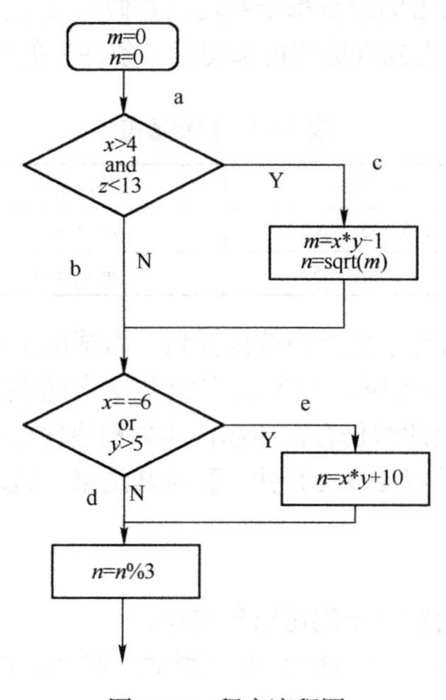

图 3-33　程序流程图

该程序中分别有两个判定条件：$M=\{x>4 \text{ and } z<13\}$和 $N=\{x==6 \text{ or } y>5\}$；

① 语句覆盖。

语句覆盖就是设计若干测试用例使得程序中每一个语句至少被执行一次。语句覆盖在测试中主要发现缺陷或错误语句。测试用例见表 3-12。

表 3-12　语句覆盖

测试用例编号	输入数据	预期输出	执行路径
CASE1	x=6, z=5, y=6	m=35, n=1	P1(a-c-e)

根据上述案例，为了使语句均被执行一次，所以两个判定条件取值均为真，但语句覆盖执行过程中，判定为假的情况并没有执行。语句覆盖可保证程序中每条语句都得到执行但并不能全面检验每个语句，即它并非一种充分检验方法。当程序段中两个判定逻辑运算存在问

题时，如第一个判定运算符 AND 错写成运算符 OR，这时仍使用该测试用例，则程序仍按流程图上路径 $a-c-e$ 执行；当第二个条件语句中 $x>4$ 误写成 $x>0$ 时，上述测试用例也不能发现该错误。语句覆盖是较弱的覆盖准则。

测试完成准则定义：满足语句覆盖率语句覆盖率=（被执行语句量/语句数量）×100%

该方法具有以下特点：

- 程序中每个语句至少执行一次。
- 对程序执行逻辑的覆盖率低，属于逻辑覆盖方法中最弱的覆盖方式。
- 无须测试程序逻辑中的分支情况。
- 无须测试程序逻辑分支中的判断和判定组合情况。
- 无须测试程序执行逻辑中的不同路径。

② 判定覆盖。

判定覆盖是设计若干测试用例使得每个判定的真假分支至少被执行一次。判定覆盖只考虑整个表达式的取值，并不考虑到表达式内部变量（条件）的取值。测试用例见表 3-13。

表 3-13　判定覆盖

测试用例编号	输入数据	预期输出	执行路径
CASE1	x=6, z=5, y=6	m=35, n=1	P1($a-c-e$)
CASE2	x=2, z=14, y=5	m=0, n=0	P4($a-b-d$)

程序中，判定为真和假的两个分支均被执行到。测试用例在满足判定覆盖同时还完成语句覆盖，判定覆盖比语句覆盖更强，可发现在空分支中遗漏语句。100%分支覆盖可保证100%语句覆盖，反之不然。但此时仍存在问题，即如程序段中第 2 个判定条件 $x>4$ 误写为 $x<4$，执行测试用例 4（执行路径 $a-b-e$）并不影响其结果。这表明仅满足判定覆盖仍无法确定判断内部条件错误。

特点：

- 满足判定覆盖的测试用例一定满足语句覆盖。
- 对整个判定的最终取值（真或假）进行测试，但判定内部每一个子表达式（条件）的取值未被考虑。

③ 条件覆盖。

条件覆盖是设计若干测试用例，使得条件中的每个判定语句中的每个表达式（条件）的真假至少执行一次。

- 对于 M：$x>4$ 取真时 T1，取假时 F1。
- $z<13$ 取真时 T2，取假时 F2。
- 对于 N：$x==6$ 取真时 T3，取假时 F3。
- $y>5$ 取真时 T4，取假时 F4。
- 条件：$x>4, z<13, x==6, y>5$。
- 条件：$x<=4, z>=13, x!=6, y<=5$。

根据条件覆盖的基本思路，和这 8 个条件取值，测试用例见表 3-14。

表 3-14　条件覆盖

测试用例编号	输入数据	预期输出	执行路径
CASE1	x=6, z=5, y=6	m=35, n=1	P1(a-c-e)
CASE2	x=3, z=14, y=5	m=0, n=0	P4(a-b-d)

上述测试用例将 x>4, z<13, x==6, y>5 这几个条件的真假均取到，达到了条件的 100%覆盖，同时也满足了 100% 判定覆盖；但并不是所有情况都会兼顾条件和判定取值的真假。也就是说，会出现条件覆盖标准不能 100% 达到判定覆盖的标准，也就不一定能够达到 100% 的语句覆盖标准。

特点：

- 弥补了判定覆盖的不足——对整个判定的最终取值（真或假）进行度量。
- 条件覆盖不一定能满足判定覆盖。
- 条件覆盖不一定能满足语句覆盖。

④ 条件/判定覆盖。

条件/判定覆盖是设计若干测试用例，使判定中的每个条件的所有可能（真/假）至少出现一次，并且每个判定本身的判定结果（真/假）也至少出现一次。测试用例见表 3-15。

表 3-15　条件/判定覆盖

测试用例编号	输入数据	预期输出	执行路径
CASE1	x=6, z=5, y=6	m=35, n=1	P1(a-c-e)
CASE2	x=3, z=14, y=5	m=0, n=0	P4(a-b-d)

所有条件的可能取值都满足了一次，而且所有的判断本身的判定结果也都满足了一次。达到 100% 条件/判定覆盖标准一定能够达到 100% 条件覆盖、100% 判定覆盖和 100% 语句覆盖。

特点：

- 综合了条件覆盖和判定覆盖的特点。
- 满足条件/判定覆盖的用例一定满足语句覆盖。
- 满足条件/判定覆盖的用例一定满足条件覆盖。
- 满足条件/判定覆盖的用例一定满足判定覆盖。
- 条件/判定覆盖没有考虑各判定结果（真/假）组合情况，不满足路径覆盖。
- 未考虑判定中各条件不同取值的组合情况，不满足条件组合覆盖。

⑤ 条件组合覆盖。

条件组合覆盖使得每个判定中条件的各种可能组合都至少出现一次。条件组合只针对同一个判断语句内存在多个条件的情况，让这些条件的取值进行笛卡尔乘积组合。不同的判断语句内的条件取值之间无须组合。对于单条件的判断语句，只需要满足自己的所有取值即可。覆盖一定满足判定覆盖、条件覆盖、判定条件覆盖。

条件组合情况如下所示：

x>4, z<13	x>4, z>=13	x<=4, z<13	x<=4, z>=13
x==6, y>5	x==6, y<=5	x!=6, y>5	x!=6, y<=5

测试用例见表 3-16。

表 3-16　条件组合覆盖

测试用例编号	输入数据	预期输出	执行路径
CASE1	x=6, z=5, y=6	m=35, n=1	P1(a–c–e)
CASE2	x=6, z=15, y=5	m=0, n=1	P2(a–b–e)
CASE3	x=3, z=11, y=7	m=0, n=1	P3(a–b–e)
CASE4	x=3, z=14, y=5	m=0, n=0	P4(a–b–d)

100%满足条件组合标准一定满足 100%条件覆盖标准和 100%判定覆盖标准。但实际操作中，要考虑是否所有路径都会被执行到，有些条件组合是互相矛盾的，不可能取到的。

特点：

- 满足条件组合覆盖的用例一定满足语句覆盖。
- 满足条件组合覆盖的用例一定满足条件覆盖。
- 满足条件组合覆盖的用例一定满足判定覆盖。
- 满足条件组合覆盖的用例一定满足条件/判定覆盖。

条件组合覆盖没有考虑各判定结果（真或假）组合情况，不满足路径覆盖。条件组合数量大，设计测试用例的时间花费较多。

⑥ 路径覆盖。

选取足够多的测试数据，使程序的每条可能路径都至少执行一次（如果程序图中有环，则要求每个环至少经过一次）。测试用例见表 3-17。

表 3-17　路径覆盖

测试用例编号	输入数据	预期输出	执行路径
CASE1	x=6, z=7, y=8	m=47, n=1	P1(a–c–e)
CASE2	x=7, z=10, y=5	m=34, n=2	P2(a–c–d)
CASE3	x=6, z=14, y=7	m=0, n=1	P3(a–b–e)
CASE4	x=3, z=15, y=3	m=0, n=0	P4(a–b–d)

由于路径覆盖需要对所有可能的路径全部进行覆盖，那么我们需要设计足够数量且较为复杂的测试用例，用例数量将呈现指数级的增长。所以理论上，路径覆盖是最彻底的测试用例覆盖，但实际上很多时候路径覆盖的可操作性不强，有个别路径，对于条件取值和判定的真假是矛盾的，不一定会执行到。

但一般认为：路径覆盖是设计的测试用例可以覆盖程序中所有可能的执行路径。这种覆盖方法可以对程序进行彻底的测试用例覆盖，比前面讲的 5 种方法覆盖度都要高。

语句覆盖、判定覆盖、条件覆盖、条件/判定覆盖、条件组合覆盖和路径覆盖发现错误的能力呈由弱至强的变化。语句覆盖每条语句至少执行一次。判定覆盖每个判定的每个分支至少执行一次。条件覆盖每个判定的每个条件应取到各种可能的值。条件/判定覆盖同时满足判定覆盖条件覆盖。条件组合覆盖每个判定中各条件的每一种组合至少出现一次。路径覆盖使程序中每一条可能的路径至少执行一次。

2）基本路径测试法设计测试用例。

基本路径测试法是在程序控制流图的基础上，通过分析控制构造的环路复杂性（环形复杂度），导出基本可执行路径集合，从而设计测试用例的方法。控制流图是退化了的流程图，简称流图。将流程图中执行语句、判定语句、开始、结束等退化成节点，将流程线退化成一个节点到另一个节点的带箭头的弧线。流图基本结构如图 3-34 所示。

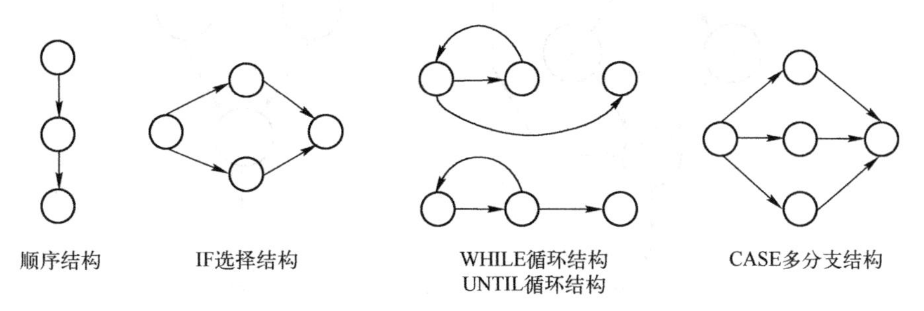

图 3-34　流图基本结构

在程序控制流图中所涉及图形符号只有两种：判断节点和控制流线。

① 判断节点：由带有标号的圆圈表示，可代表一个或多个语句、一个处理框的序列和一个条件判断框（不含复合条件）。

② 控制流线：带有箭头弧线及直线表示，称为边，代表程序中控制流。包含条件的节点称判断节点，由判断节点发出边须终止于某一节点，边和节点所限定范围称区域。

设计出的测试用例要保证在测试中程序的每个可执行语句至少执行一次。

基本路径测试法的重点内容如下：

- 程序的控制流图：描述程序控制流的一种图示方法。
- 程序环形复杂度：McCabe 复杂性度量。从程序的环路复杂性可导出程序基本路径集合中的独立路径条数，这是确定程序中每个可执行语句至少执行一次所必需的测试用例数目的上界。
- 导出测试用例：根据圈复杂度和程序结构设计用例数据输入和预期结果。
- 准备测试用例：确保基本路径集中的每一条路径的执行。

程序控制流图（可简称流图）是对程序流程图进行简化后得到的，它突出表示程序控制流的结构。

程序控制流图是描述程序控制流的一种方式，其要点如下：

- 图形符号：圆圈代表一个节点，表示一个或多个无分支的语句或源程序语句。
- 程序控制流边和点圈定的闭合部分叫作区域。当对区域计数时，图形外的一个部分也应记为一个区域。
- 判断语句中的条件为复合条件（即条件表达式由一个或多个逻辑运算符连接的逻辑表达式（a and b）时，则需要改变复合条件的判断为一系列只有单个条件的嵌套的判断。在规划测试路径之前，要将复杂条件分解。将符合条件“与”和“或”转化为简单条件的过程如图 3-35 所示。

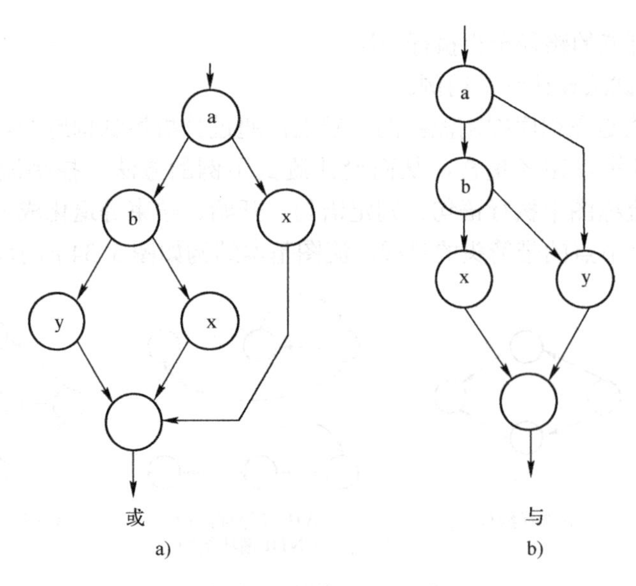

图 3-35 与复合条件拆分

节点由带标号的圆圈表示，可代表一个或多个语句、一个处理框序列和一个条件判定框（假设不包含复合条件）。控制流线由带箭头的弧或线表示，可称为边，它代表程序中的控制流。为了满足路径覆盖，首先必须确定具体的路径以及路径的个数。我们通常采用控制流图的边（弧）序列和节点序列表示某一条具体路径。

路径测试就是从一个程序的入口开始，执行所经历的各个语句的完整过程。任何关于路径分析的测试都可以叫作路径测试。完成路径测试的理想情况是做到路径覆盖，但对于复杂性高的程序要做到所有路径覆盖（测试所有可执行路径）是不可能的。

在不能做到所有路径覆盖的前提下，如果某一程序的每一个独立路径都被测试过，那么可以认为程序中的每个语句都已经检验过了，即达到了语句覆盖。这种测试方法就是通常所说的基本路径测试方法。

基本路径测试方法是在控制流图的基础上，通过分析控制结构的环形复杂度，导出执行路径的基本集，再从该基本集设计测试用例。基本路径测试方法包括以下 4 个步骤。

① 画出程序的控制流图。

② 计算程序的环形复杂度，导出程序基本路径集中的独立路径条数，这是确定程序中每个可执行语句至少执行一次所必需的测试用例数目的上界。可用如下 3 种方法之一来计算环形复杂度：

- 控制流图中区域的数量对应于环形复杂度。
- 给定控制流图 G 的环形复杂度 $V(G)$，定义为

$$V(G)=E-N+2$$

其中，E 是控制流图中边的数量，N 是控制流图中的节点数量。

- 给定控制流图 G 的环形复杂度 $V(G)$，也可定义为

$$V(G)=P+1$$

其中，P 是控制流图 G 中判定节点的数量。

③ 导出基本路径集，确定程序的独立路径。

④ 根据步骤③中的独立路径，设计测试用例的输入数据和预期输出。

仍然采用上一小节的程序绘制程序流程图，现根据程序画出其控制流图。

① 画出图 3-36 所示的程序控制流图。

② 计算程序的环形复杂度，导出程序基本路径集中的独立路径条数；将环路复杂度定义为控制流图中的区域数，如图 3-37 所示。

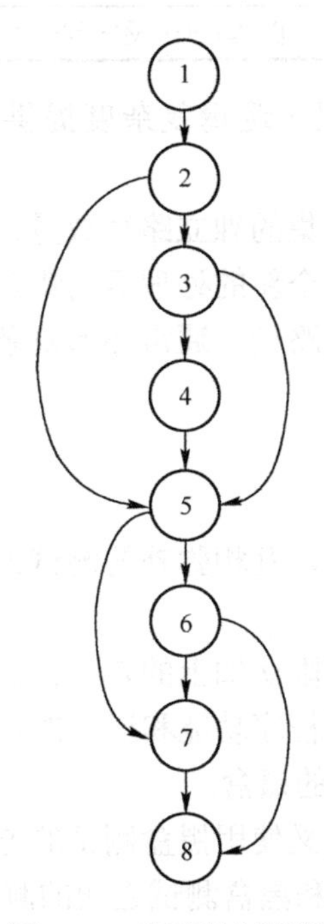

图 3-36　程序控制流图

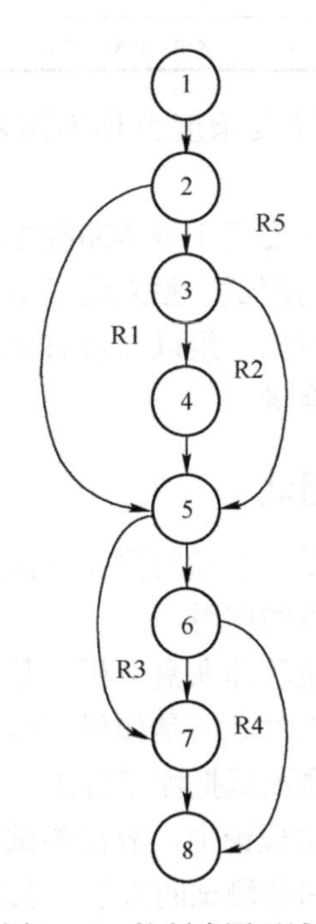

图 3-37　控制流图区域数

- 如图所示可分为 5 个区域数，所以 $V(G)=5$。
- 设定 E 为控制流图的边数，N 为图的节点数，则定义环路的复杂度为 $V(G)=E-N+2$。

在图 3-37 中，$E=11$，$N=8$，$V(G)=11-8+2=5$。

设定 P 为控制流图中的判定节点数，则有 $V(G)=P+1$。

图中的判定节点数 $P=4$，$V(G)=4+1=5$。

所以，独立路径应该是 5 条。

③ 导出基本路径集，确定程序的独立路径：

①—②—⑤—⑦—⑧

①—②—③—⑤—⑦—⑧

①—②—③—④—⑤—⑦—⑧

①—②—③—⑤—⑥—⑧

①—②—③—④—⑤—⑥—⑦—⑧

④ 根据步骤③中的独立路径，设计测试用例的输入数据和预期输出，测试用例见表 3-18。

表 3-18 测试用例表

测试用例编号	输入数据	预期输出	覆盖路径
CASE1	无数据符合		
CASE2	x=6 y=1 z=14	m=0 n=1	①—②—③—⑤—⑦—⑧
CASE3	x=6 y=1 z=12	m=5 n=1	①—②—③—④—⑤—⑦—⑧
CASE4	x=6 y=1 z=12	m=0 n=0	①—②—③—⑤—⑥—⑧
CASE5	x=5 y=6 z=12	m=29 n=1	①—②—③—④—⑤—⑥—⑦—⑧

程序的环路复杂度也称为圈复杂度，它是一种为程序逻辑复杂度提供定量尺度的软件度量。

将环形复杂度用于基本路径方法，可以提供程序基本集的独立路径数量，确保所有语句至少执行一次的测试。独立路径是指程序中至少引入了一个新的处理语句集合或一个新条件的程序通路，包括一组以前没有处理的语句或条件的一条路径。通常环形复杂度以图论为基础，提供软件度量。

3.3.3 灰盒测试

灰盒测试是在合适的测试阶段或者节点采用黑白结合，互相弥补的测试方法，达到恰到好处，互补盲点的作用。

灰盒测试也称作灰盒分析，是基于对程序内部细节有限认知上的软件调试方法。测试者可能知道系统组件之间是如何互相作用的，但缺乏对内部程序功能和运作的详细了解。对于内部过程，灰盒测试把程序看作一个必须从外面进行分析的黑盒。

在现代测试理论中，灰盒测试反映了在白盒测试中交叉使用黑盒测试的方法，在黑盒测试中交叉使用白盒测试的方法，灰盒测试是介于白盒测试和黑盒测试之间的测试。

3 种测试方法的比较，测试用例见表 3-19。

表 3-19 3 种测试方法比较

方法	黑盒测试	白盒测试	灰盒测试
特征	只关注功能，即程序的外部表现，不关心程序内部逻辑	关注软件的内部逻辑，要跟踪源代码的运行	黑盒测试和白盒测试的综合，以黑盒为主，局部进行白盒测试
依据	软件需求分析	软件详细设计和程序	需求分析、系统设计文档
测试人员	开发人员、独立测试人员和用户	软件开发者同时进行白盒测试	独立测试人员
测试指导思想	功能性测试	结构性测试	集功能和性能测试于一身
驱动程序	一般无须编写额外的测试驱动程序	需要编写额外的测试驱动程序	需要编写额外的测试驱动程序
优点	能确保实现用户需求，从用户的角度出发进行测试；测试人员和编码人员是独立的	能对程序内部的特定部位进行基于覆盖率的测试；揭示隐藏在代码中的错误	将黑白测试结合起来，有效地发现黑盒测试的盲点的同时，也能够对某一功能点实现代码分析
缺点	无法测试程序内部特定部位的逻辑结构；若需求规格说明有误，则不能发现问题	无法检查程序的外部功能；无法对未实现规格说明的程序内部欠缺部分进行测试	不适用于简单系统，不如白盒测试深入，对测试人员要求较高
方法	决策表测试、边界分析法、等价类划分法等	语句覆盖、判定覆盖、条件覆盖、判定 I 条件覆盖、路径覆盖、循环覆盖、模块接口测试	黑白盒测试方法交叉使用
应用范畴	单元、集成、系统测试	单元测试居多	集成测试

3.4　非功能测试

非功能测试包括性能测试、负载测试、安全测试、可靠性测试和其他多种类型的测试。非功能测试有时也被称作行为测试或质量测试。非功能测试众多属性的一个普遍特征是一般不能直接测量。这些属性是被间接测量的，例如，用失败率来衡量可靠性或圈复杂度，用设计审议指标来评估可测性。

3.4.1　性能测试

性能测试的目的是验证软件系统是否能够达到用户提出的性能指标，同时发现软件系统中存在的性能瓶颈，优化软件。性能测试类型包括压力测试、负载测试、强度测试、容量测试等。因为各属性之间在范围上有重叠，很多非功能属性的名称是可以通用的。

3.4.2　压力测试

一般来说，压力测试的目的是要通过模拟比预期要大的工作负载来让只在峰值条件下才出现的缺陷曝光。内存泄漏、竞态条件、数据库中的线程或数据行之间的死锁条件等，都是压力测试能发掘出来的常见缺陷。压力测试主要是为了测试硬件系统是否达到需求文档设计的性能目标，例如，在一定时期内，系统的 CPU 利用率、内存使用率、磁盘 I/O 吞吐率、网络吞吐量等。

3.4.3　负载测试

负载测试是要发现在高峰或高于正常水平的负载下，系统或应用软件会发生什么情况。例如，一个网络服务的负载测试会试图模拟几千名用户同时连线使用该服务。测试的主要是软件系统的性能，例如，软件在一定时期内，最大支持多少并发用户数，软件请求出错率等。

3.4.4　低资源测试

低资源测试是要确定当系统在重要资源（内存、硬盘空间或其他系统定义的资源）降低或完全没有的情况下会出现的状况，要预估在上述情况下将会发生什么，例如，为文件存盘而无足够空间或一个应用程序的内存分配失败时将会发生什么。

3.4.5　容量测试

与负载测试非常相似，容量测试一般执行的是服务器或服务测试，目的是要确定系统最大承受量，如系统最大用户数、最大存储量、最多处理的数据流量等。容量模型通常建立在容量测试数据基础上。有了这些数据，运营团队就能确定什么时候增加系统容量：要么增加单机资源，如 RAM、CPU 和磁盘空间等；要么干脆增加计算机的数量。

3.4.6　重复性测试

重复性测试是为了确定重复某一程序或场景的效果而采取的一项简单而“粗暴”的技

术。这个技术的精髓是循环运行测试直到达到一个具体界限或临界值。举一个例子，一个操作也许会泄漏 20 字节的内存。这并不足以在软件的其他地方产生任何问题，但如果测试连续运行 2000 次，泄露就可以增长到 4 万字节。如果是提供核心功能的程序有泄露，那么这个重复性测试就抓到了只有长时间连续运行该软件才能发现的内存泄漏。或许有更好的办法来发现内存泄漏，但有时候，重复性测试这种简单“粗暴”的方法也可以很有效。

3.5 面向对象测试

软件工程的两大方法分别为结构化方法和面向对象方法。黑白盒测试，是以结构化方法为依据进行具体方法讲解。结构化方法强调模块化、自顶向下逐步细化，由整体到部分的一种思想，整体功能离不开各个模块的设计，而各个模块的功能又直接影响系统功能实现。

而面向对象方法符合人们认识客观世界的规律，使用现实世界的概念抽象地思考问题从而自然地解决问题。它强调模拟现实世界中各种对象的概念而不强调功能或者算法，鼓励系统分析人员利用领域业务知识去分析出系统的对象，从对象出发去进一步分析系统，并且设计出满足用户需求的项目。

面向对象方法的基本原则是按照人类习惯的思维方法建立问题域和解空间，使得问题域和解空间一一对应。面向对象的软件系统中广泛使用的对象是对客观世界中实体的抽象。

3.5.1 面向对象测试的概念

面向对象测试以面向对象分析设计方法为依据，对项目进行测试，主要包括类级测试、场景法测试、基于状态测试 3 类。

3.5.2 面向对象测试的理论基础

在面向对象测试中，类是最小的可测试单位。对象拥有状态，测试方法必须考虑这些。类测试和单元测试是等价的，在测试过程中，要测试类中的操作和类的状态行为。测试关注对象的状态以及它们之间的相互作用。继承为方法定义新的语境。被继承方法的行为可能发生改变而且如果所调用的方法发生了改变，那么所有调用该方法的方法必须被重新测试。

3.5.3 面向对象测试与传统测试理论的关系

传统测试方法在基于面向对象分析设计方法进行的系统分析设计过程中仍然适用，只是在测试出发点有所不同。单元测试的对象模块演变为类；白盒测试中提到的方法仍然可以用到对类中具体方法的测试中；基于场景和状态的测试仍然可以运用黑盒测试方法进行具体用例的设计。

所以，传统测试方法和面向对象测试方法基础理论是具有一致性和适用性的。

3.5.4 面向对象测试的方法

面向对象体系结构导致封装了协作类的一系列分层子系统的产生。每个系统成分（子系统和类）完成的功能都有助于满足系统需求。有必要在不同的层次上测试面向对象系统，以发现错误。在类相互协作以及子系统穿越体系结构层通信时可能出现这些错误。面向对象软件的测试用例设计方法还在不断改进，对于面向对象测试用例的设计，Berard 提出了总体方法：每个测试用例都应该被唯一地标识，并明确地与被测试的类相关联。

应该为每一个测试开发测试步骤，并包括以下内容：将要测试的类的指定状态列表；作为测试结果要进行检查的消息和操作列表；对类进行测试时可能发生的异常列表；外部条件列表（即软件外部环境的变更，为了正确地进行测试，这种环境必须存在）；有助于理解或实现测试的补充信息。

面向对象测试与传统的测试用例设计是不同的，传统的测试用例是通过软件的输入-处理-输出视图或单个模块的算法细节来设计的，而面向对象测试侧重于设计适当的操作序列以检查类的状态。

3.5.5　面向对象测试的过程

传统的测试计算机软件的策略是从小到大，即从小型测试到大型测试，从部分测试到整体测试的过程。即从单元测试开始，然后逐步进入集成测试，最后是有效性和系统测试。在传统应用中，单元测试集中在最小的可编译程序单位——子程序（如模块、子例程、进程），一旦这些单元均被独立测试后，它被集成在程序结构中，这时要进行一系列的回归测试以发现由于模块的接口所带来的错误和新单元加入所引入的错误。最后，系统被作为一个整体测试以保证发现在需求中的错误。

面向对象程序的结构不再是传统的功能模块结构，作为一个整体，原有集成测试所要求的逐步将开发的模块搭建在一起进行测试的方法已成为不可能。而且，面向对象软件抛弃了传统的开发模式，对每个开发阶段都有不同以往的要求和结果，已经不能再用结构化观点来检测面向对象分析和设计的结果。因此，传统的测试模型对面向对象软件已经不再适用。

根据面向对象分析与设计特点，面向对象的开发模型突破了传统的瀑布模型，将开发分为面向对象分析（OOA）、面向对象设计（OOD）和面向对象编程（OOP）3 个阶段。针对这种开发模型，结合传统的测试步骤的划分，我们把面向对象的软件测试分为面向对象分析的测试、面向对象设计的测试、面向对象编程的测试、面向对象单元测试、面向对象集成测试和面向对象系统测试。

1．面向对象分析的测试

传统的面向过程分析是一个功能分解的过程，是把一个系统看成可以分解的功能的集合。这种传统的功能分解分析法的特点是结构化分析和设计，通过功能细化和分解，对问题进行研究，以过程的抽象来对待系统的需要。

而面向对象分析（OOA）是运用面向对象方法进行的系统分析。其基本任务即运用面向对象方法，对问题域和系统责任进行分析和理解，找出描述问题域及系统责任所需的对象，定义对象的属性、操作以及它们之间的关系。其目标是建立一个符合问题域、满足用户需求的 OOA 模型。

OOA 是软件生命周期的一个阶段，具有一般分析方法共同具有的内容、目标及策略；强调运用面向对象方法进行分析，用面向对象的概念和表示法表达分析结果。

OOA 直接映射问题空间，全面地将问题空间中实现功能的现实抽象化。将问题空间中的实例抽象为对象，用对象的结构反映问题空间的复杂实例和复杂关系，用属性和操作表示实例的特性和行为。对一个系统而言，与传统分析方法产生的结果相反，行为是相对稳定的，结构是相对不稳定的，这更充分反映了现实的特性。OOA 的结果是为后面阶段类的选定和实现，类层次结构的组织和实现提供平台。因此，对 OOA 的测试，应从以下方面考虑。

- 对认定的对象的测试。
- 对认定的结构的测试。
- 对认定的主题的测试。
- 对定义的属性和实例关联的测试。
- 对定义的服务和消息关联的测试。

2. 面向对象设计的测试

通常的结构化的设计方法，用的是面向过程的设计方法，它把系统分解以后，提出一组任务功能，这些任务是以过程实现系统的基础构造，把问题域的分析转化为求解域的设计，分析的结果是设计阶段的输入。而面向对象设计（OOD）以 OOA 为基础归纳出类，并建立类结构或进一步构造成类库，实现分析结果对问题空间的抽象。由此可见，OOD 是对 OOA 的进一步细化和更高层的抽象。所以，OOD 与 OOA 的界限通常是难以严格区分的。OOD 确定类和类结构不仅是满足当前需求分析的要求，即通过 OOA 进行分析的成果，更重要的是通过重新组合或加以适当的补充，能方便实现功能的重用和扩增，以不断适应用户的要求。因此，对 OOD 的测试，应从如下 4 个方面考虑。

- 对认定的类的测试。
- 对构造的类层次结构的测试。
- 对类库的支持的测试。
- 面向对象编程的测试。

由于面向对象程序具有继承、封装和多态的新特性，这使得传统的面向结构化的测试策略必须有所改变。封装是把对象的属性和操作结合成一个独立的系统单位，并尽可能隐蔽对象的内部细节。只是向外部提供接口，降低了对象间的耦合度。这样降低了数据被任意修改和读写的可能性，降低了传统程序中对数据非法操作的测试。继承是面向对象程序的重要特点，继承使得代码的重用率提高，同时也使错误传播的机会增加。多态使得面向对象程序提高了代码的维护性和扩展性，但同时却使得程序内所谓同一个函数的行为复杂化，测试时不得不考虑不同类型具体执行的代码和产生的行为。

面向对象程序通过类来实现功能。能正确实现功能的类，通过消息传递来协同实现设计要求的功能。因此，在面向对象编程（OOP）阶段，忽略类功能实现的细则，将测试集中在类功能的实现和相应的面向对象程序设计中，主要体现为两个方面：数据成员是否满足数据封装的要求，类是否实现了要求的功能。

3. 面向对象的单元测试

传统的分析设计方法中，单元测试的对象是软件设计的最小单位——模块。单元测试的依据是详细设计，单元测试应对模块内所有重要的控制路径设计测试用例，以便发现模块内部的错误。单元测试多采用白盒测试技术，系统内多个模块可以并行地进行测试。

当考虑面向对象软件时，单元的概念发生了变化。最小的可测试单位是封装的类或对象，类包含一组不同的操作，并且某特殊操作可能作为一组不同类的一部分存在。因此，单元测试的意义发生了较大变化。我们不再孤立地测试单个操作，可能是测试一个方法或者一个类。

4. 面向对象的集成测试

面向对象的软件开发没有层次的控制结构，传统的自顶向下和自底向上集成策略就没有意义。另外，一次集成一个操作到类中（传统的增量集成方法）经常是不可能的，这是由于“构成类的成分的直接和间接的交互”。对 OO 软件的集成测试有两种不同策略，第一种称为基于线程的测试，集成对回应系统的一个输入或事件所需的一组类，每个线程被集成并分别测试，应用回归测试以保证没有产生副作用；第二种称为基于使用的测试，通过测试那些几乎不使用服务器类的类（称为独立类）而开始构造系统，在独立类测试完成后，下一层的使用独立类的类（称为依赖类）被测试。这个依赖类层次的测试序列一直持续到构造完整个系统。

5. 面向对象的系统测试

通过单元测试和集成测试，仅能保证软件开发的功能得以实现，但不能确认在实际运行时，它是否满足用户的需要。为此，必须进行系统测试。系统测试是将通过确认测试的软件，作为整个计算机系统的一个元素，与计算机硬件、外设、某些支持软件、数据和人员等其他系统元素结合在一起，在实际运行环境下，对计算机系统进行一系列的组装测试和确认测试。系统测试时，应该参考 OOA 分析的结果，对应描述的对象、属性和各种服务，检测软件是否能够完全重现问题空间。系统测试不仅是检测软件的整体行为表现，从另一个侧面看，也是对软件分析和设计的再确认。

面向对象测试的整体目标是以最小的工作量发现最多的错误，这和传统软件测试的目标是一致的，但是 OO 测试的策略有很大不同，测试的视角扩大到包括复审分析和设计模型，此外，测试的焦点从结构化分析方法中的模块移向了面向对象方法中的类。

不论是传统的测试方法还是面向对象的测试方法，我们都应该遵循下列的原则。

- 应当尽早和不断地进行测试。
- 程序员应该避免检查自己的程序，测试工作应该由独立的、专业的第三方测试机构来完成。
- 设计测试用例时，应该考虑到合法的输入和不合法的输入，以及各种边界条件，特殊情况下需要考虑极端状态和意外情况。
- 一定要关注测试中的“集群”现象。
- 对测试错误结果一定要有一个确认的过程。
- 要制定严格的测试计划。
- 回归测试的关联性一定要引起充分的注意，修改一个错误而引入更多错误的情况并不少见。
- 妥善保存一切测试过程文档。

3.5.6 类级测试

面向对象的软件开发，单元的概念发生了变化。封装是类和对象定义的驱动力，也就是说，每个类和类的每个实例（对象）包装了属性和对这些属性的操作（也称为方法或服务）。最小的可测试单元是封装了的类，而不是单独的模块。由于一个类可以包括很多不同的操作，并且一个特定的操作又可以是其他不同类的一部分。因此，在面向对象软件测试中，类是最小的可测试单元，类测试是由封装在类中的操作和类的状态行为驱动的。

由于面向对象的程序中可独立被测试的单元通常是一个独立的类，按照测试思路可以将其分为几个层次进行测试。

1. 方法层次的测试

对于类当中的一个方法，可以将其看作关于输入参数和该方法所在类的成员变量中的一个函数，如果该方法内聚性很高，功能也比较复杂，可以对其单独测试。一般只有少数方法需要进行单独测试，一般很多方法与成员变量具有很强的耦合性。对单个成员方法的测试类似于传统软件测试中对单个函数的测试，很多基于结构化方法的传统测试技术，可以应用于类当中的方法层次的测试中。

2. 类层次的测试

类中的很多方法会通过成员变量产生相互依赖的关系，这将导致很难对单个方法进行充分的测试。相对合理的测试是将相互依赖的成员方法放在一起进行测试，这就是类层次的测试。

3. 类树层次的测试

面向对象中有继承和多态现象，所以对子类的测试通常不能限定在子类中定义的成员变量和成员方法上，还要考虑父类对子类的影响。

3.5.7 场景法测试

基于场景的测试关心用户做什么，而不是产品做什么。这意味着需要通过面向对象分析过程中用例图中的用例捕获用户必须完成的任务，然后在测试时使用它们及其变体。场景可以发现交互错误。基于场景的测试倾向于用单一的测试检查多个子系统，用户并不限制自己一次只使用一个子系统。

场景法测试主要用于测试软件的业务过程或业务逻辑，场景法测试是一种基于软件业务的测试方法，测试人员要模拟用户在使用软件时的各种场景，场景法测试就是模拟用户操作软件时的场景，主要用于测试系统的业务流程，是一种基于用例图的测试方法，可以根据用例图中的脚本说明进行测试用例设计。

场景是事件流的一个实例，由基本流或基本流和备选流中的步骤组成，表明了用户执行系统的操作序列。根据业务调研，将用例图以及用例脚本中的基本流和异常流提取出来，对应绘制出方案，将基本流程和备选流程进行组合，具体测试路径如图 3-38 所示。

在测试过程中，主要模拟用户正确的业务操作过程，也就是用例图中，脚本说明中的主要流程；另外，还需要模拟用户错误的业务操作过程，对应用例图中脚本说明的可选流程。

运用场景法的基本思想：场景法测试主要测试软件的业务逻辑和业务流程，属于黑盒测试方法。在测试中，不关注某个控件的细节测试，而是先要关注功能的主要业务流程和主要功能是否正确实现，这种情况需要使用场景法进行测试。当业务流程和主要功能没有问题，再运用等价类、边界值、判定表等方法对控件细节等方面进行测试。

场景法测试的出发点主要有以下几方面。

- 业务逻辑：测试人员要熟悉所测软件的业务逻辑，可以通过业务逻辑建模的成果、用例图进行业务流程的梳理。

- 技术要求：实现对应场景的技术要求。
- 基本流：软件功能按照正常流程执行，称为基本流。
- 备选流：软件在基本流程之外，可能出现不能够按照正常流程执行的情况，称为备选流。

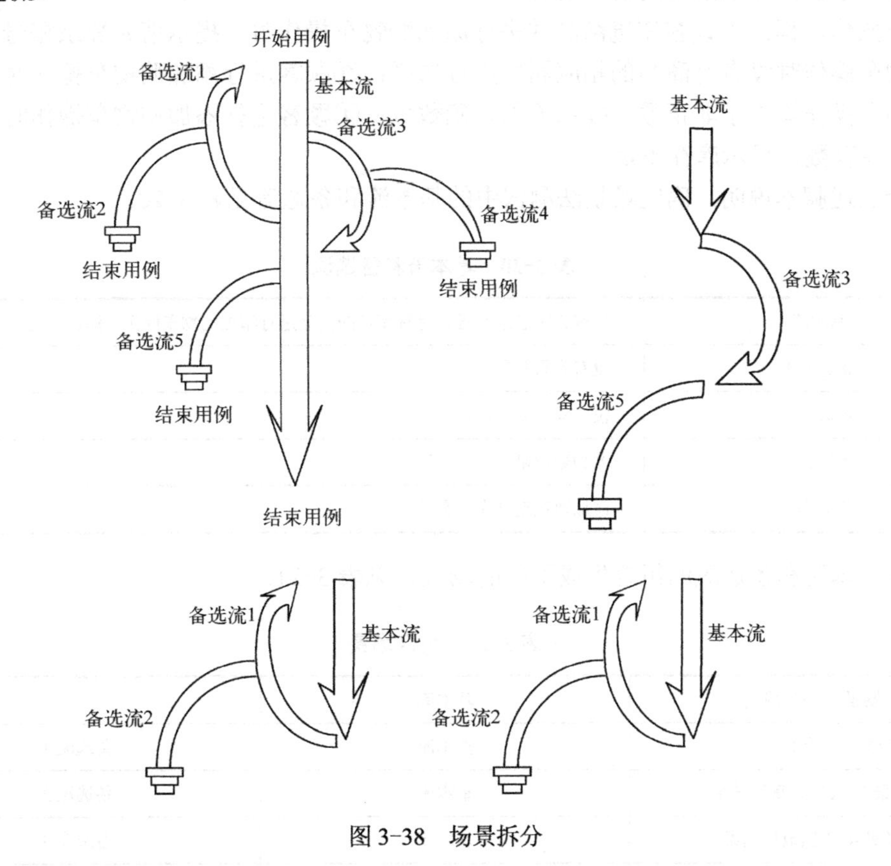

图 3-38　场景拆分

场景法测试的步骤如下。

1）分析用户需求，在面向对象分析设计中，以用例图脚本说明中的正常脚本和异常脚本为依据。根据需求陈述描述出程序的基本流以及备选流。

2）根据基本流和备选流的组合生成不同的场景。

3）针对每一个场景生成对应的测试用例。

4）把多余的测试用例去掉，针对测试用例设计测试数据。

例 10：在某购物网站用例图中，针对“添加购物车”用例进行用例脚本说明，详细说明如下：

用例名称：添加购物车。

用例描述：顾客有购买倾向，但由于某种情况不立即进行购买，可执行添加购物车商品操作。

参与者：顾客。

优先级：3。

前置条件：①正确登录账号；②勾选对应商品的属性；③添加数量正确且库存足够。

后置条件：①添加成功；②库存不足；③添加数量错误。

基本操作流程：顾客正确登录账号，浏览商品时对有意向的商品进行属性勾选，选择添加数量进行添加，显示添加购物车成功。

可选操作流程：①顾客浏览商品并进行添加购物车操作时，提示请先登录账号；②进行添加购物车操作时没有对商品的相应属性进行选择；③顾客进行添加购物车操作时，在添加数量因为误操作输入了非正数，提示输入正确数量；④顾客进行添加购物车操作时，所添加数量超过库存数，显示库存不足。

结合上述脚本说明，确定场景法测试中的基本流和备选流见表 3-20。

表 3-20　基本流和备选流

基本流	顾客正确登录账号，对有库存的商品进行添加购物车操作，添加成功
备选流 1	没有登录账号
备选流 2	没有勾选商品属性
备选流 3	添加数量错误
备选流 4	添加数量超过库存数量

根据基本流和备选流的组合生成不同的场景，见表 3-21。

表 3-21　组合场景

场景 1-添加成功	基本流	
场景 2-没有登录账号	基本流	备选流 1
场景 3-未勾选商品属性	基本流	备选流 2
场景 4-添加数量错误	基本流	备选流 3
场景 5-超过库存数量	基本流	备选流 4

根据场景生成对应的测试用例，见表 3-22。

表 3-22　测试用例表

测试用例 ID	场景	登录账号	勾选商品属性	添加数量	预期输出
1	场景 1-添加成功	√	√	1	添加成功
2	场景 2-没有登录账号	×	√	1	提示登录账号
3	场景 3-未勾选商品属性	√	×	1	提示请勾选商品属性
4	场景 4-添加数量错误	√	√	非正数	提示请输入正确数量
5	场景 5-超过库存数量	√	√	超过库存	提示库存不足

针对测试用例设计测试数据，见表 3-23。

表 3-23 测试数据表

测试用例 ID	场景	登录账号	勾选商品属性	添加数量	预期输出
1	场景 1-添加成功	账号：admin 密码：123	颜色：红色、 尺码：L	1	添加成功
2	场景 2-没有登录账号	未登录	颜色：红色、 尺码：L	1	提示登录账号
3	场景 3-未勾选商品属性	账号：admin 密码：123	颜色：红色、 尺码：空	1	提示请勾选商品属性
4	场景 4-添加数量错误	账号：admin 密码：123	颜色：红色、 尺码：L	−1	提示请输入正确数量
5	场景 5-超过库存数量	账号：admin 密码：123	颜色：红色、 尺码：L	超过库存	提示库存不足

3.5.8 基于状态的测试

基于状态的测试基于模型，一般使用状态图来描述事件序列，常用于事件驱动的系统中，这些系统往往具有实时状态变化的特点。

基于状态的测试是一种黑盒测试技术，所涉及的测试用例用来执行（遍历）有效和无效的状态转换，当有一系列的事件和条件，且对特定事件/条件的处理取决于曾经发生过的事件和条件时，比较适合使用基于状态的测试。

基于状态的测试的基本思想：基于状态的测试主要针对状态图来描述的事件序列，常用于黑盒测试技术中。关注对象所包含的各种状态，需要根据状态图方向列出不同状态之间的转换，同时找到引起状态转换的事件，将事件和状态连成一条由初始到结束的状态序列。

基于状态的测试的步骤如下。

- 列出所有对象包含的状态图（可以以面向对象建模中的状态图为依据）。
- 列出不同状态之间的转换。
- 确定引起各个状态转换的事件。
- 分析各个状态转换过程中发生的事件，并绘制状态转换图。
- 根据状态转换图编写测试用例。

例 11：图为车票预售系统中，“车票”类的状态图。

1）车票预定系统中，其他类的状态图略，“车票”类的状态图如图 3-39 所示。

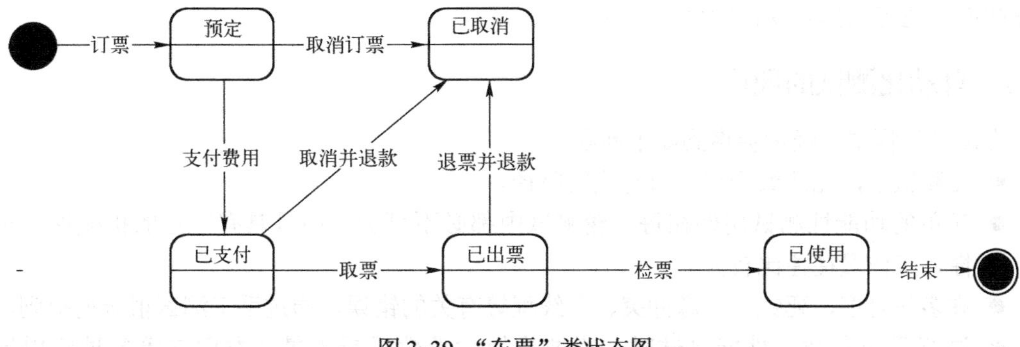

图 3-39 “车票”类状态图

2）确定引起各个状态转换的事件。

3）分析各个状态转换过程中发生的事件，并绘制状态转换图（树），本例中采用状态转换树，如图 3-40 所示。

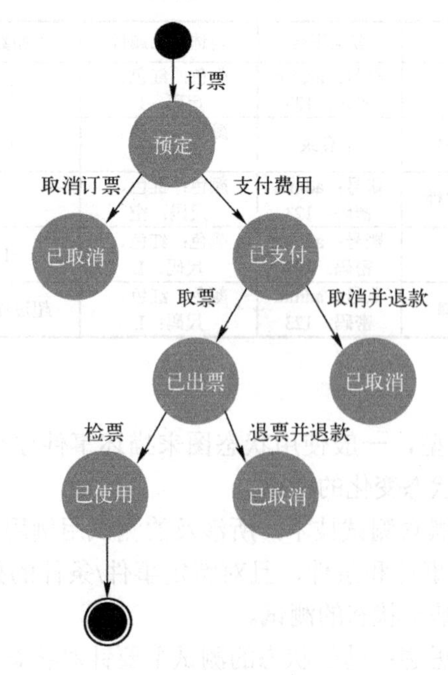

图 3-40 状态转换树

4）根据状态转化树，设计测试用例。

① 预定→已取消。

② 预定→已支付→已取消。

③ 预定→已支付→已出票→已取消。

④ 预定→已支付→已出票→已使用。

3.6 自动化测试

在如今的测试行业中，自动化测试工具的运用十分普遍。好的测试工具，不但可以提高测试效率，还可以提升软件质量。

3.6.1 自动化测试的理论

在测试过程中，经常会遇到如下问题。

- 在测试中，无法做到覆盖所有代码路径。
- 简单的功能性测试用例在每一轮测试中都必不可少，而且具有一定的机械性、重复性，工作量往往比较大。
- 许多与时序、死锁、资源冲突、多线程等有关的错误，通过手工测试很难捕捉到。
- 进行系统负载、性能测试时，需要模拟大量数据或大量并发用户等各种应用场合时，性能测试、接口测试、穷举测试、UI 测试等，很难通过手工测试来进行。

在这种情况下，我们要采用自动化测试来辅助完成测试工作。

自动化测试是自动化理论、人工智能与软件测试理论综合运用，除运用一般测试理论及方法外还采用特殊技术与策略。自动化测试是指软件测试的自动化过程，可理解为测试过程自动化与测试结果分析自动化的系列活动。

综上，自动化测试定义：使用一种自动化测试工具来验证各种测试需求，包括测试活动的实施与管理。其实质是模拟手工测试步骤，执行测试用例或脚本，控制被测软件执行，并以全自动或半自动方式完成测试的过程。

自动化测试进行优缺点比较见表 3-24。

表 3-24 自动化测试优缺点对照表

优点	缺点
程序回归测试更便捷	无法进行人工主观判断
模拟手工测试无法实现的情况	需求变更频繁的软件，测试困难
有效地利用人力、物力、财力	无法取代手工测试
提高测试重复利用率	对测试人员能力要求高
增加软件信任度	自动化工具的好坏影响测试质量
确保测试结果和执行内容的一致性	
减少人工错误	

3.6.2 自动化测试的特性

自动化测试可以快速对程序的新版本进行回归测试，从而让产品更快投放市场；测试效率高，充分利用硬件资源；节省人力资源，降低测试成本；增强测试的稳定性和可靠性；提高软件测试的准确度和精确度，增加软件信任度；软件测试工具使测试工作相对比较容易，且能产生更高质量的测试结果；手工不能做的事情，自动化测试能做，如负载、性能测试。

3.6.3 自动化测试的适用范畴

自动化测试适用如下范畴。

- 执行回归测试。在回归测试过程中，需要大量的模块或者功能相关模块的回归测试。
- 执行手工很难达到或手工无法完成的测试。在测试过程中，往往要重复性的数据录入或是单击界面按键等测试操作造成了不必要的时间和人力浪费。
- 需求变化不频繁。软件需求变动过于频繁，测试人员需要根据变动的需求来更新测试用例以及相关的测试脚本，所以，对于需求变化不频繁的项目，可以采用自动化测试。
- 项目周期较长。由于自动化测试需求的确定，自动化框架的设计，测试脚本的编写与调试均需要相当长的时间来完成，这样的过程本身就是一个测试软件的开发过程，需要较长的时间来完成。

3.6.4 自动化测试工具

在自动化测试领域，自动化测试工具占据了很重要的位置。测试工具的作用是为了提高测试效率，用软件来代替一些人工输入，把软件的一些简单问题直观地显示在测试人员的面前，这样更方便测试人员找出软件的问题。

自动化测试工具可以进行部分的测试设计、实现、执行和比较工作。部分自动化测试工具可以实现测试用例的自动生成，但通常的工作方式为人工设计测试用例，使用工具进行用例的执行和比较。如果采用自动比较技术，还可以自动完成测试用例执行结果的判断，从而避免人工比对存在的疏漏问题。

自动化测试工具的种类很多，按照其用途，可大致分成以下几类。

- 测试管理工具。
- 功能测试工具。
- 性能测试工具。
- 单元测试工具。
- 白盒测试工具。
- 测试用例设计工具。

按照自动化测试工具的收费方式，可以分为以下几类：

- 商业测试工具。
- 开源测试工具。
- 自主开发测试工具。

3.6.5 AI 自动化测试

人工智能在软件测试工具中的应用主要集中在让软件开发生命周期变得更容易。人工智能可以用来帮助开发或测试人员自动化完成或减少开发和测试中的重复而烦琐的任务，减少开发人员或测试人员对这类任务的直接参与，从而大幅提升开发和测试的效率。

将 AI 技术创造性地应用到自动化测试领域是当今自动化测试发展的趋势。通过 AI 技术可以实现更快、更稳定的 UI 测试；AI 的自我修复机制，可以优化测试中用于等待页面加载的等待时间，还可以处理以不同分辨率运行的测试。所有这些加起来大大减少了维护测试所花费的时间；AI 可以观察和学习客户如何使用该产品，从而创建基于用户的实际数据；过去需要花一周时间编写和执行的测试现在可以使用 AI 在几小时内完成。通过使用动态定位器以及轻松创建可重复使用的组件，执行数据驱动的测试、快速编写和执行测试。甚至可以利用机器学习算法开发自动化测试工具，使得稳定性测试或者可靠性测试更准确。

习题

1．请简述集成测试的策略，并比较集中策略的优缺点。

2．什么是黑盒测试，分别有哪几种方法。

3．什么是白盒测试，分别有哪几种方法。

4．在软件测试过程中，如何根据不同测试出发点和测试本身特点对测试方法进行划分？

5．简述面向对象测试过程。

6．试对自动化测试优缺点进行分析。

第4章　软件测试管理

本章内容

本章主要介绍软件测试管理的特点、软件测试管理的原则、软件测试管理的基本内容。

本章要点

- 理解软件测试管理的特点。
- 掌握软件测试管理的原则。
- 理解软件测试管理的基本内容。

建立软件测试管理体系的主要目的是确保软件测试在软件质量保证中发挥软件测试应有的关键作用。测试管理是测试工作中贯穿始终的必要环节，只有科学的管理才能够保障软件质量。

随着软件开发规模的增大，复杂程度的增加，以寻找软件中的故障为目的的测试工作就显得更加困难。为了尽可能多地找出程序中的故障，开发出高质量的软件产品，必须对测试工作进行组织策划和有效管理，采取系统的方法建立起软件测试管理体系。对测试活动进行监管和控制，以确保软件测试在软件质量保证中发挥应有的关键作用。

4.1　软件测试管理概述

软件测试管理是软件项目管理中的重要内容，它以测试活动为管理对象，运用软件测试知识、技能、工具和方法，对测试活动进行计划、组织、执行和控制，保证测试活动在规定的时间和成本内完成，并达到一定的质量要求。

应用系统方法来建立软件测试管理体系，也就是把测试工作作为一个系统，对组成这个系统的各个过程加以识别和管理，以实现设定的系统目标。同时要使这些过程协同作用、互相促进，尽可能发现和排除软件故障。

建立软件测试管理体系的6个步骤如图4-1所示。

- 识别软件测试所需的过程及其应用，即测试规划、测试设计、测试执行、配置管理、资源管理和测试管理。
- 确定这些过程的顺序和相互作用，前一过程的输出是后一过程的输入。其中，配置管理和资源管理是这些过程的支持性过程，测试管理则对其他测试过程进行监视、测试和管理。
- 确定这些过程所需的准则和方法，以及监视、测量和控制的准则和方法。

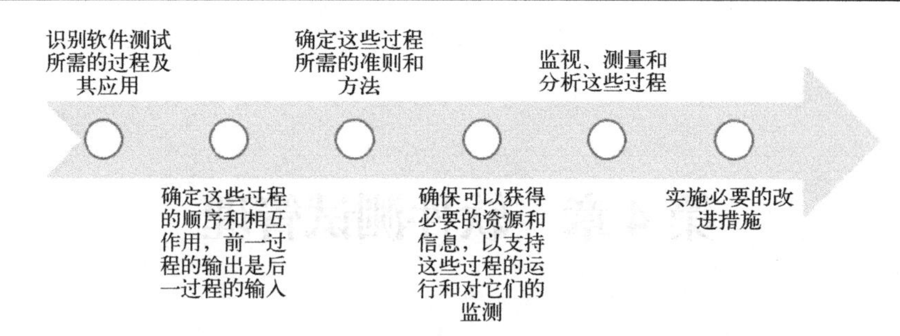

图 4-1　软件测试管理体系步骤

- 确保可以获得必要的资源和信息，以支持这些过程的运行和对它们监测。
- 监视、测量和分析这些过程。
- 实施必要的改进措施。

4.2　软件测试管理的原则

软件测试管理应当遵守以下原则。

- 测试的目的在于保证产品质量，因此测试活动应该始终把提高软件质量放在第一位。
- 测试开始之前要准确掌握用户的需求，形成需求分析文档，建立经需求方和开发方等各方一致同意的、清楚详细完整的需求规格说明书。
- 在进度安排上，应当为测试计划、用例的设计及其执行、测试评审等活动安排足够的时间，保证它们严格完成。
- 对于测试计划的制定和变更要随机应变。
- 在测试过程中，应运用多种测试方法，适当引入自动化测试，建立独立的测试环境。
- 充分运用软件项目管理的思想进行全方位的软件测试管理。

4.3　软件测试管理的基本内容

软件测试管理贯穿整个软件测试生命周期，具体可分为测试计划管理、测试组织及人事管理、测试过程管理、配置管理、测试文档管理、测试风险管理。

4.3.1　测试计划管理

测试计划主要包括以下几点。

- 测试时间：需求分析起止时间，设计测试用例的起止时间，执行测试的起止时间。
- 测试执行人：以项目（模块）划分测试负责人，也可以根据设计和执行来划分测试负责人。
- 测试环境：指明系统所需要的测试软硬件环境以及基本要求。
- 测试标准：指明测试各阶段的输入和输出准则，达到标准后进行下一迭代或阶段。

凡事预则立，不预则废。做事之前，要有计划，有计划则成功，没有计划则失败。一般测试计划的制定开始于软件需求分析阶段，测试计划的制定主要是确定各测试阶段的目标和策略。这个过程将制定出测试计划，明确要测试的对象、完成的测试活动；根据每个阶段不同的测试对象和测试方法评估完成测试所需要的人力、物力以及财力等资源，根据测试过程设计测试组织的构成和每位测试人员的职权分工，通过对相应的资源进行合理的分配、跟踪，不断地完善测试过程。

以结构化分析方法为例，测试计划与软件开发活动同步进行。在需求分析阶段，要完成验收测试计划，并与需求规格说明一起提交评审。在概要设计阶段，要完成和评审系统测试计划；在详细设计阶段，要完成和评审集成测试计划；在编码实现阶段，要完成和评审单元测试计划。对于测试计划的修订部分，需要进行重新评审。

4.3.2　测试组织及人事管理

“以人为本”的管理思想是测试组织和人事管理的基本出发点。在测试组织的管理中，重视人员的分工和人员管理，实现人尽其用，从而可以使整个测试工作得以顺利地推进和完成。

1．测试组织管理

实施一个测试的首要步骤之一就是考虑测试中涉及的人员的高级组织、他们之间的相互关系以及如何将测试过程集成到现有的业务管理结构中。

测试组织管理的主要任务包括：组建测试小组，确定测试小组的组织形式，安排测试进度和任务，评估测试工作量，确定应交付的测试文档，管理测试过程中产生的一切测试件成果，确定测试需求和组织测试设计等。

（1）组建测试小组

对软件测试来说，测试小组是基本组成单位。组建测试小组时，应按照测试工作量配备相应的工作小组成员数量和适当的人员配置类型。对于复杂的测试工作，应由测试工程师负责；对于简单的测试工作，可以由初级测试技术人员来承担。

（2）确定测试小组的组织形式

测试技能通常分为 4 种：一是具有基本通识技能，如阅读、书写、计算等；二是专业技能，了解系统构成，掌握编程语言、系统架构、操作系统特性、网络、数据库等知识；三是业务领域知识，了解系统要解决的业务、技术和科学问题；四是测试专业技能。

根据测试成员所具有的技能可以将测试小组分为技能型组织和项目型组织。技能型组织要求每个人关注自己的专业领域，因此要求测试人员必须掌握专业测试工具的使用方法和复杂的测试技术，适合于高科技领域的测试。

项目型组织可以将具有不同技能水平的测试人员分配到一个项目中，以减少测试工作的中断和转换。在建立测试小组时，建议两种模式融合使用。项目型的测试组织中，测试人员作为项目成员紧密地参与到项目中，与项目组其他人员紧密合作，一般是人跟着项目走，最终报告的对象都是项目经理，因此项目经理是负责测试资源调配和测试计划的主要人员。

一个理想的软件测试组织可以是综合和兼容了几种结构方式的组织，测试部门的测试人员分为常规项目测试人员和专项测试人员。常规项目测试人员即参与到项目组中的测试人员，专项测试人员一般由性能测试工程师、自动化功能测试工程师、界面及用户体验测试工程师、安全测试工程师等负责专门测试领域的人员构成，这些测试资源在项目发起专门的测试需求时被调到项目组，与常规项目测试人员一起工作，重点解决专项的测试问题。还可以根据需要设置专门的培训中心，负责对测试人员的内部培训，负责收集和整理各个项目的测试经验和测试知识。

（3）布置测试任务

对测试任务进行组织和安排。

（4）估算测试工作量

根据任务估算测试工作量。

（5）确定应交付的测试文档

一般包括测试计划、测试用例、测试日志、测试事件报告和测试总结报告等。

（6）管理测试件

测试件包括测试工具、测试驱动程序、测试桩模块等。测试件也是软件，也应像其他软件一样被管理起来。

（7）确定测试需求

测试需求是根据阶段性的测试目标、软件需求规格说明以及相关接口需求说明文档等，从不同角度明确对应各阶段的各种需求，如测试环境、被测对象要求、测试工具、测试代码需求、测试数据等。测试需求的设计必须保证需求的可跟踪性和覆盖率。

（8）完成测试设计

测试设计需要运用的测试要素，包括测试用例、测试工具、测试代码、测试规程的设计思路和设计准则。在测试用例的设计上，应描述测试用例的共同特性，如约束条件、环境需求、依赖条件等。在测试工具的设计上，应描述要采用测试工具的设计要点、设计思路等。在测试代码设计上，应描述将要插装的测试代码的测试要点、设计思路。

2. 测试人事管理

测试人事管理主要包括以下几方面内容。

- 作为测试组的团队领导者，要对团队内部人员能力和组成有所了解，要全方位了解测试组成员的内外动态，形成一个在一定周期内相对稳定的团队，才能够更好完成测试工作。
- 合理安排测试小组工作。在任务中，要根据个人技术能力来合理安排工作。在安排工作的时候，不但要调动团队中测试人员的积极性，也要激发他们的挑战精神。人尽其才，人尽其用，使每个人均在工作中发挥自己最大的作用。
- 积极鼓励测试团队成员。测试组的领导要积极发现团队成员的优势，鼓励其挑战难度大的任务的同时，对于他们已经取得的成果要给予充分的肯定，并且鼓励其向更具难度的任务去挑战。在管理过程中，作为中层领导，更要发挥承上启下的作用，对于下属的优异表现给予肯定，也要积极地向上级汇报下级的优秀表现，给予充分的肯定。
- 团队成员互助，共同发展。测试团队各成员之间要互相合作，弥补各自不足，从而保证工作顺利进行。尤其在团队中，要尽己所能帮助他们，单凭一己之力，不足以完成的困难任务，经过团队共同合作之后，不但会促进团队凝聚力的形成，也会为团队发展打下坚实的基础，更会促进个人的发展。

- 注重成员的培训与成长。每个人都希望在工作的同时得到个人成长，不管是技术方面的，还是其他方面的。公司内部的培训机制，学习交流的机会等非常重要，作为团队的领导，需要在技术上有方法，管理上有思路。在了解每个人的能力和想法的同时，要针对每个人有计划制定培训计划。关注团队成员的职业发展。

4.3.3 测试过程管理

测试过程管理要求测试人员对测试方案中的每个用例进行逐一测试，测试人员应在规定时间内完成测试，如测试不能完成时提前两天向测试负责人提出，如到期没有完成则相应测试人员自己承担责任；测试人员应对自己提出的问题负责，即描述清楚，确认其确实是问题。

测试过程管理的基本内容包括以下内容。

1．测试准备

确定测试组长，组建测试小组，参加有关项目计划、分析和设计会议，获取必要的需求分析文档、系统设计文档，参加相关产品、技术知识的培训。

2．测试计划阶段

计划是指导一个测试过程的决定性部分。测试计划阶段的整体目标是确定测试范围、测试策略和方法，对可能出现的问题和风险、所需要的各种资源和投入等进行分析和估计，以指导测试的执行。一个好的测试计划应该包括以下几方面的内容。

- 目的：必须明确每个测试阶段的目的。
- 完成测试的标准：必须给出判断每个测试阶段完成测试的标准。
- 测试策略：测试策略描述测试小组用于测试整体和每个阶段的方法。
- 资源配置：制定资源要求计划是确定实现测试策略必备条件的过程。如果需要特殊的硬件设备，计划中就要给相应的要求以及什么时候使用这些硬件设备。具体的资源要求取决于项目、测试小组和公司，因此测试计划应仔细估算测试软件的资源要求。
- 责任明确：任务分配明确，具体指出谁负责软件的哪些部分、哪些可测试特性，以确保软件的每一部分都有人测试，每一个测试员都清楚自己的职责，而且有足够的信息开始设计测试用例。
- 进度安排：对于每一个测试阶段，制定一个进度安排表。测试进度安排可以为产品开发小组和项目管理员提供信息，以便更好地安排整个项目的进度。
- 风险：明确指出项目中潜在的问题或风险区域，在进度中给予充分的考虑。
- 测试用例库及其标准化：测试计划过程将决定用什么方法编写测试用例，在哪里保存测试用例，如何使用和维护测试用例。
- 组装方式：包含若干程序或分系统的系统可能是依次地组装在一起，测试计划应确定组装的次序，是按自顶向下还是自底向上的递增式集成方式进行测试，确定系统在各种组装方式下的功能特性，以及确定生产所谓“临时支架”（桩模块或驱动模块）的任务。
- 工具：必须确定所需要的测试工具并确认谁来开发或负责这些工具，如何使用工具，什么时候使用。

3. 测试设计阶段

软件测试设计建立在测试计划之上，通过设计测试用例来完成测试内容，以实现所确定的测试目标。

软件测试设计的主要内容如下。

- 制定测试技术方案，确定各个测试阶段要采用的测试技术、测试环境和测试工具。
- 设计测试用例，根据产品需求分析、系统设计等规格说明书，设计测试用例。
- 设计测试用例集合，根据测试目标，即一些特定的测试目的和任务，选择测试用例的特定集合，构成执行某个特定测试任务的测试用例集合。
- 测试开发，根据所选择的测试工具，将可以进行自动测试的测试用例转换为测试脚本。
- 设计测试环境，根据所选择的测试平台以及测试用例所要求的特定环境，进行服务器、网络等测试环境的设计。

在测试设计阶段，还应考虑以下内容。

- 所设计的测试技术方案是否可行、是否有效、是否能达到预定的测试目标。
- 所设计的测试用例是否完整、是否考虑边界条件、能否达到其覆盖率要求。
- 所设计的测试环境是否和用户的实际使用环境接近等。
- 建立和设置好相关的测试环境，准备好测试数据，开始执行测试。测试执行可以手工进行，也可以自动进行。自动化测试借助于测试工具，运行测试脚本，记录测试结果，所以管理比较简单，而手工测试的管理相对要复杂些。
- 测试结束后，对测试结果进行分析，以确定软件产品的质量，为产品的改进或发布提供数据和支持。在管理上，应做好测试结果的审查和分析，做好测试报告的撰写和审查工作。

4.3.4 配置管理

配置管理是在团队开发中，标识、控制和管理软件变更的一种管理，是通过在软件生命周期的不同时间点上对软件配置进行标识，并对这些标识的更改进行系统控制，从而达到保证软件产品完整性和可溯性的过程。

配置管理的基本过程如下。

- 配置标识：标识组成软件产品的各个组成部分并定义其属性，制定基线计划。
- 配置控制：控制对配置项的修改。
- 配置状态发布：向相关组织和个人报告变更申请的处理过程、允许的变更及其实现情况。
- 配置评审：确认受控配置项是否满足需求等。

配置管理对软件测试和软件质量影响较大，其影响程度与项目的规模、复杂性、人员素质、流程和管理水平等因素有关。

4.3.5 测试文档管理

软件测试是一个复杂过程，因此必须把对测试的要求、过程及测试结果以正式的文档形式写下来。可以说，测试文档的编制是测试工作规范化的一个重要组成部分。

根据测试文档所起的作用，通常把测试文档分成两类，即测试计划和测试分析报告。测试计划详细规定测试的要求，包括测试的目的，测试的内容、方法和步骤，以及测试的准则等。由于要测试的内容可能涉及软件的需求和软件的设计，必须及早开始测试计划的编制工作。通常，测试计划的编写从需求分析阶段开始，直到软件设计阶段结束时完成。

测试报告用来对测试结果进行分析说明。软件经过测试后，应给出结论性的意见。软件的能力如何，存在哪些缺陷和限制等。这些意见既是对软件质量的评价，又是决定该软件能否交付用户使用的依据。由于要反映测试工作的情况，应该在测试阶段内编写。

《计算机软件测试文档编制规范》给出了更具体的测试文档编制建议，其中包括以下几方面内容。

- 测试计划：该计划描述测试活动的范围、方法、资源和进度，其中规定了被测试的对象，被测试的特性、应完成的测试任务、人员职责及风险等。
- 测试设计规格说明：该说明详细描述测试方法，测试用例以及测试通过的准则等。
- 测试用例规格说明：该说明描述测试用例涉及的输入、输出，对环境的要求，对测试规程的要求等。
- 测试步骤规格说明：该说明规定了实施测试的具体步骤。
- 测试日志：该日志是测试小组对测试过程所做的记录。
- 测试事件报告：该报告说明测试中发生的一些重要事件。
- 测试总结报告：对测试活动所做的总结和结论。

前 4 项属于测试计划，后 3 项属于测试分析报告。

测试文档对于测试阶段的工作有着非常明显的指导和评价作用，因此有必要将文档管理融入项目管理中去，成为项目管理的一个重要环节。文档管理主要包括以下几方面内容。

- 文档的分类管理。
- 文档的格式和模板管理。
- 文档的一致性管理。
- 文档的存储管理。

IEEE/ANSI 规定了一系列有关软件测试的文档及测试标准。IEEE/ANSI 标准 829/1983 推荐了一种常用的软件测试文档格式，以便于交流测试工作。图 4-2 概括了用于测试计划和规格说明的所有文档之间的相互关系，以及与各种测试活动和标准之间的关系，说明如下。

- SQAP：软件质量保证计划，每个软件测试产品一个。
- SVVP：软件验证和确认测试计划，每个 SQAP 一个。
- VTP：验证测试计划：每个验证活动有一个。
- MTP：主确认测试计划，每个 SVVP 有一个。
- DTP：详细确认测试计划，每个确认活动有一个或多个。
- TDS：测试设计规格说明，每个 DTP 有一个或多个。
- TCS：测试用例规格说明，每个 TDS/TPS 有一个或多个。
- TPS：测试步骤规格说明，每个 TDS 有一个或多个。
- TC：测试用例。每个 TCS 有一个。

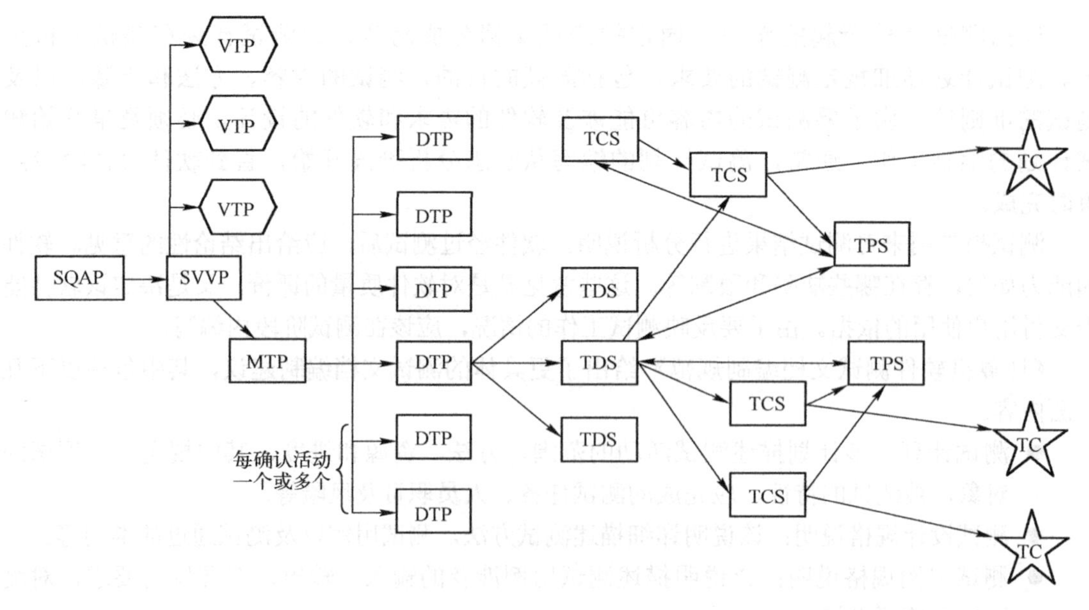

图 4-2　文档之间关系

4.3.6　测试风险管理

“居安思危，思则有备，有备无患”，处于安全环境时要考虑到可能出现的危险，考虑到危险就会有所准备，事先有了准备就可以避免祸患；“平则思险，安则思危”也是强调处在平安的境遇中，应该想到动荡和困难的情境，要想到可能发生的危机、危险，以便提高警惕，防患于未然。

在软件测试管理过程中，也要关注风险管理。测试常见风险有以下几种。

- 需求风险。对软件需求理解不准确，主要功能需求陈述错误等，会在建立测试用例时产生错误，导致测试范围存在误差，遗漏部分需求或执行了错误的测试方法；另外，需求的变更不能及时的反馈，形成对应的新的软件功能规格说明，导致测试用例错误，从而使测试产生错误。
- 测试用例风险。根据采用的不同测试用例方法导致测试用例设计不完整，例如，采用边界值方法时，忽视了边界条件、异常处理等情况；采用逻辑覆盖法时，用例没有完全覆盖路径等。
- 缺陷风险。软件缺陷是不可避免的，某些偶发缺陷，在难以被发现的同时，有时候也难以被重视，容易被忽略掉。
- 代码质量风险。软件代码质量影响软件质量，缺陷较多的软件在测试时，也会随之出现比较多的问题。
- 测试环境风险。在采用不同测试方法或者由于其他引起的测试环境与生产环境不能完全一致，导致测试结果存在误差。
- 测试技术风险。个别项目技术难度较高，测试能力有限导致测试进展缓慢，项目延期。
- 回归测试风险。回归测试一般不运行全部测试用例和全部程序，可能存在测试不完全的情况。

- 沟通协调风险。在软件开发过程中，涉及的过程和人员较多，尤其测试是贯穿软件开发始终的过程。所以，存在不同人员、角色之间的沟通、协作，难免存在误解、沟通不畅的情况，导致项目滞后或者被搁置的风险。
- 其他不可预估风险。其他的突发状况，以及不可抗力等风险，尤其那些比较复杂并且难以避免的风险。

以上是测试过程中可能发生的风险，其中有的风险是难以避免的，如缺陷风险等。有的风险从理论上可以避免，但在实际操作过程中出于时间和成本的考虑，也难以完全回避，如回归测试风险等，对于难以避免的风险，我们的目标是将风险降低到最低水平。

习题

1. 建立软件测试管理体系的 6 个步骤是什么？
2. 软件测试管理的特点是什么？
3. 在测试工作中，主要的风险表现有哪几种？

第5章 嵌入式应用测试

本章内容

本章首先从嵌入式应用测试的分类、特点、原则、流程、方法、工具和策略等方面进行讲解，然后介绍常用的嵌入式应用测试工具，最后通过具体工具和实例，针对典型嵌入式系统FPGA，重点讲解测试理论和方法在嵌入式系统的运用。

本章要点

- 了解嵌入式应用测试的基本概念，重点是测试的原则、流程和方法相关知识。
- 了解常用嵌入式测试工具，理解测试工具的适用场景。
- 掌握主要测试用工具的使用方法。
- 掌握FPGA软件的仿真测试技术及常用的测试方法。
- 重点掌握通过测试工具，依据测试原则、执行测试流程和运用测试方法。

5.1 嵌入式应用测试概述

IEEE（电气电子工程师学会）对嵌入式系统的定义是“控制、监视或者辅助装置、机器和设备运行的装置”。从中可以看出嵌入式系统是软件和硬件的综合体，还可以涵盖机械等附属装置。国内普遍被认同的定义是：以应用为中心，以计算机技术为基础，软件硬件可裁剪、适应应用系统多功能、可靠性、成本、体积、功耗严格要求的专用计算机系统。通常嵌入式系统对可靠性的要求比较高。

嵌入式系统安全性的失效可能会导致灾难性的后果，即使是非安全性系统，由于大批量生产也会导致严重的经济损失。这就要求对嵌入式系统，包括嵌入式软件进行严格的测试、确认和验证。随着越来越多的领域使用软件和微处理器控制各种嵌入式设备，对日益复杂的嵌入式软件进行快速有效的测试愈加显得重要。

软件测试的目的是保证软件满足需求规格说明。系统失效是系统没有满足一个或多个正式需求规范中所要求的需求项。嵌入式软件有其特殊的失效判定准则，但是，嵌入式软件测试的目的与非嵌入式软件是相同的。在嵌入式系统设计中，软件正越来越多地取代硬件，以降低系统的成本，获得更大的灵活性，这就需要使用更好的测试方法和工具进行嵌入式和实时软件的测试。本章通过嵌入式应用的分类、特点、原则、流程、方法、工具和策略等几个方面，介绍嵌入式应用测试的基础知识。

5.1.1 嵌入式应用测试的分类

嵌入式应用测试中，要考虑软件，还要考虑软件同硬件平台和操作系统的集成，同时还有条件苛刻的时间约束和实时要求，以及其他的性能相关的要求。因此，根据测试环境不同，嵌入式应用测试可分为全数字模拟测试和交叉测试。

1. 全数字模拟测试

全数字模拟测试是指采用数字平台的方法，将嵌入式软件从系统中剥离出来，通过开发CPU 指令、常用芯片、I/O、中断、时钟等模拟器在开发主机平台（Host）上实现嵌入式软件的测试。该方法操作简单，适用于功能测试，是一种可以借鉴的常规软件测试方法。

但是全数字模拟测试有较大的局限性，使用不同语言编写的嵌入式软件需要不同的仿真程序来执行，通用性差，实时性与准确性难以反映出嵌入式软件的真实情况，当并发事件要求一定的同步关系时，维护统一、精确地系统时钟，理顺时序关系相当困难。因此，设计一个能进行系统测试的环境代价太大，全数字模拟测试只能作为嵌入式应用测试的辅助手段。

2. 交叉测试（Host/Target 测试）

高级程序设计语言出现后，嵌入式系统的开发环境和运行环境通常是存在差异的，开发环境被认为是主机平台（Host），软件运行环境为目标平台（Target），相应的测试为 Host/Target 测试（交叉测试）。在测试过程中，充分利用高级语言的可移植性，将系统中与目标环境无关的部分工作转移到 PC 平台上完成，在硬件环境未建好或调试工具缺乏时就可以开展，这时可以借鉴常规的软件测试方法。

系统中与硬件密切相关的部分在目标平台上完成，用到的测试工具需要支持目标环境。最后，在目标环境中进行验证确认。交叉测试适用于高级语言，操作方便，测试成本较低，但是实时性受调试环境的制约，在目标环境中测试时要占用一定的目标资源。

使用有效的交叉测试策略可极大地提高嵌入式软件开发测试的水平和效率。在测试的实施过程中，根据是否运行嵌入式系统，交叉测试又可分为静态测试和动态测试。

（1）静态测试

静态测试不利用计算机运行被测程序，目的是度量程序静态复杂度，检查软件是否符合编程标准和规则。

1）静态测试工具 McCabeQA。McCabeQA 是美国 McCabe & Association 公司的产品。它利用著名学者 McCabe 的软件结构化测试理论，即使用 V（G）圈复杂度=模块内部独立线性路径数来度量软件的复杂度。

McCabe 最大的特点就是可视化，以独特的图形技术表示代码。软件通过分析源码，得到整个软件系统的结构图，同时得到了各种基于工业标准评估代码复杂性，包括 V（g）、EV（g）、DV（g）、Halstead 等数十种静态复杂度度量。

McCabe 用不同的颜色表示软件模块的复杂性，测试人员的测试重点放在质量差的模块上；提供各种质量模型深入评价软件质量，记录软件质量波动曲线和版本变化趋势分析，从而控制软件修改不同阶段的质量。在单元级 McCabe 显示模块的流程图，并且相对应地标出代码的位置，视图与代码相互对应，可很快找出问题所在。分析最终得到可定制的符合工业标准的综合报告。

2）代码规则检查工具 QAC/C++。QAC/QAC++是用于代码规则检查的自动化工具。代码审查主要检查代码和设计的一致性，代码对标准的遵循、可读性，代码的逻辑表达的正确性，代码结构的合理性等方面。发现违背程序编写标准的问题，程序中不安全、不明确和模糊的部分，找出程序中不可移植部分、违背程序编程风格的问题，包括变量检查、命名和类型审查、程序逻辑审查、程序语法检查和程序结构检查等内容。

（2）动态测试

动态测试时软件必须运行，动态测试方法分为黑盒法和白盒法。为了较快得到测试效果，通常先进行功能测试，达到所有功能后，为确定软件的可靠性进行必要的覆盖测试。

在软件开发的不同时期进行动态测试，测试又分为单元测试、集成测试、确认测试、系统测试。

5.1.2 嵌入式应用测试的特点

嵌入式系统是以应用为中心，以计算机技术为基础，软件硬件可剪裁，适应应用系统对功能、可靠性、成本、体积及功耗严格要求的专用计算机系统。嵌入式系统的软硬件功能界限模糊，测试比通用计算机系统的软件测试要困难得多，嵌入式应用测试具有如下特点。

- 测试软件功能依赖不需要编码的硬件功能，快速定位软硬件错误困难。
- 强壮性测试、可知性测试很难编码实现。
- 交叉测试平台的测试用例、测试结果上载困难。
- 基于消息系统测试的复杂性，包括线程、任务、子系统之间的交互，并发、容错和对时间的要求。
- 性能测试、确定性能瓶颈困难。
- 实施测试自动化技术困难。

大量统计资料表明，软件测试的工作量往往占软件开发总工作量的 40%以上，在极端情况下，测试那种关系人的生命安全的重要行业中的嵌入式软件所花费的成本，可能相当于软件工程其他开发步骤总成本的三倍到五倍。

5.1.3 嵌入式应用测试的原则

嵌入式应用测试作为一种特殊的软件测试，它的目的和原则同普通的软件测试是一样的，都是为了验证或达到可靠性要求而对软件所进行的测试。嵌入式应用测试除了要遵循普通软件测试的原则之外，还需要遵循以下几个原则。

- 嵌入式应用测试对软件在硬件平台的测试是必不可少的。
- 嵌入式应用测试需要在特定的环境下对软件进行测试。
- 嵌入式软件需进行必要的可靠性负载测试，例如，测试某些嵌入式系统能否连续1000 个小时不断电工作。
- 除了要对嵌入式软件系统的功能进行测试之外，还需要对实时性进行测试。在判断系统是否失效方面，除了看它的输出结果是否正确，还应考虑其是否在规定的时间里输出了结果。
- 在对嵌入式软件进行测试的时候，需要在特定的硬件平台上进行性能测试、内存测试、GUI 测试、覆盖分析测试。

5.1.4 嵌入式应用测试的流程

根据嵌入式系统的开发流程，为了最经济地实现系统的功能，一般采用自顶向下、层层推进的方法进行测试。图 5-1 为基于模块化设计的嵌入式软件测试流程。

嵌入式应用测试的总体步骤为：首先进行操作系统移植并编写系统底层驱动，然后进行系统平台测试，其中包括硬件电路测试、操作系统及底层驱动程序的测试等。如果测试未通过，需要重新进行操作系统移植和编写系统底层驱动；如果此测试通过，可以进入下一步的开发——用模块化的方法编写应用代码，随后再对软件模块进行测试。如果测试没有通过，则要对此代码模块进行修改，然后对软件模块进行测试；如果所有的模块都通过测试，需要进行集成测试。如果集成测试没有通过，则要确定模块接口函数错误模块，然后修改错误模块代码，再利用关联矩阵确定需测试模块，并重新回到软件模块测试；如果集成测试通过，则需要进行系统测试。如果系统测试没有通过，则需要修改程序代码，如果问题出现在操作系统的移植上，需要重新进行操作系统的移植；如果问题只是出现在软件模块上，只需修改软件模块就行了。如果系统测试通过，就可以退出测试。在第一件产品生产出来之后，需要对产品进行测试，如果测试通过，则表示嵌入式产品的所有测试步骤已经完成。

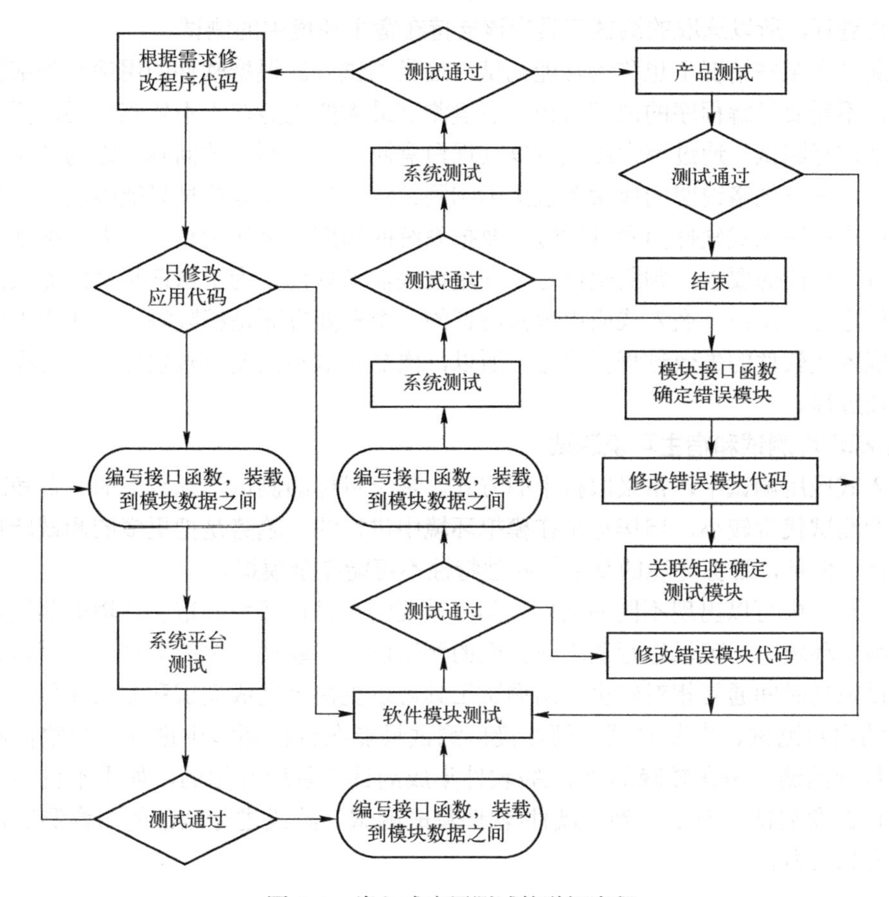

图 5-1　嵌入式应用测试的详细流程

5.1.5　嵌入式应用测试的方法

依据一般原理，软件测试有 7 个基本阶段，即单元或模块测试、集成测试、外部功能测试、回归测试、系统测试、验收测试、安装测试。嵌入式应用测试在 4 个阶段上进行，即模块测试、集成测试、系统测试、硬件/软件集成测试。前 3 个阶段适用于任何软件的测试，硬件/软件集成测试阶段是嵌入式系统所特有的，目的是验证嵌入式软件与其所控制的硬件设备能否正确地交互。在 4 个阶段进行测试可以采用如下方法。

1．白盒测试与黑盒测试

通常软件测试有两种基本的方式，即白盒测试方法与黑盒测试方法，嵌入式应用测试也不例外。

白盒测试或基本代码的测试检查程序的内部设计。根据源代码的组织结构查找软件缺陷，一般要求测试人员对软件的结构和作用有详细的了解，白盒测试与代码覆盖率密切相关，可以在白盒测试的同时计算出测试的代码的覆盖率，保证测试的充分性。把 100%的代码都测试到几乎是不可能的，所以要选择最重要的代码进行白盒测试。由于严格的安全性和可靠性的要求，嵌入式应用测试同非嵌入式应用测试相比，通常要求有更高的代码覆盖率。对于嵌入式软件，白盒测试一般不必在目标硬件上进行，更为实际的方式是在开发环境中通过硬件仿真进行，所以选取的测试工具应该支持在宿主环境中的测试。

黑盒测试在某些情况下也称为功能测试。这类测试方法根据软件的用途和外部特征查找软件缺陷，不需要了解程序的内部结构。黑盒测试最大的优势在于不依赖代码，而是从实际使用的角度进行测试，通过黑盒测试可以发现白盒测试发现不了的问题。因为黑盒测试与需求紧密相关，需求规格说明的质量会直接影响测试的结果，黑盒测试只能限制在需求的范围内进行。在进行嵌入式软件黑盒测试时，要把系统的预期用途作为重要依据，根据需求中对负载、定时、性能的要求，判断软件是否满足这些需求规范。为了保证正确的测试，还需要检验软硬件之间的接口。嵌入式应用黑盒测试的一个重要方面是极限测试。在使用环境中，通常要求嵌入式软件的失效过程要平稳，所以，黑盒测试不仅要检查软件工作过程，也要检查软件换效过程。

2．目标环境测试和宿主环境测试

在嵌入式应用测试中，常采取折中的方式。基于目标的测试消耗较多的经费和时间，而基于宿主的测试代价较小，但毕竟是在模拟环境中进行的。趋势是把更多的测试转移到宿主环境中进行，但是，目标环境的复杂性和独特性不可能完全模拟。

在两个环境中可以出现不同的软件缺陷，重要的是目标环境和宿主环境的测试内容有所选择。在宿主环境中，可以进行逻辑或界面的测试以及与硬件无关的测试。在模拟或宿主环境中的测试消耗时间通常相对较少，用调试工具可以更快地完成调试和测试任务。而与定时问题有关的白盒测试、中断测试、硬件接口测试只能在目标环境中进行。在软件测试周期中，基于目标的测试是在较晚的“硬件/软件集成测试”阶段开始的，如果不更早地在模拟环境中进行白盒测试，而是等到“硬件/软件集成测试”阶段进行全部的白盒测试，将耗费更多的财力和人力。

5.1.6 嵌入式应用测试工具

用于辅助嵌入式应用测试的工具很多，下面对内存分析、性能分析、GUI 测试、覆盖分析等几类比较具有代表性的测试工具加以介绍和分析。

1．内存分析工具

在嵌入式系统中，内存约束通常是有限的。内存分析工具用来处理在动态内存分配中存在的缺陷。当动态内存被错误地分配后，通常难以再现，可能导致的失效难以追踪，使用内存分析工具可以避免这类缺陷进入功能测试阶段。有两类内存分析工具——基于软件和基于硬件的。基于软件的内存分析工具可能会对代码的性能造成很大影响，从而严重影响实时操作；基于硬件的内存分析工具价格昂贵，而且只能在工具所限定的运行环境中使用。

2．性能分析工具

在嵌入式系统中，程序的性能通常是非常重要的。经常会有这样的要求，在特定时间内处理一个中断，或生成具有特定定时要求的一帧。开发人员面临的问题是决定应该对哪一部分代码进行优化来改进性能，常常会花大量的时间去优化那些对性能没有任何影响的代码。性能分析工具会提供有关的数据，说明执行时间是如何消耗的，是什么时候消耗的，以及每个例程所用的时间。根据这些数据，确定哪些例程消耗部分执行时间，从而可以决定如何优化软件，获得更好的时间性能。对于大多数应用来说，大部分执行时间用在相对少量的代码上，费时的代码估计占所有软件总量的 5%～20%。性能分析工具不仅能指出哪些例程花费时间，而且与调试工具联合使用可以引导开发人员查看需要优化的特定函数，性能分析工具还可以引导开发人员发现在系统调用中存在的错误以及程序结构上的缺陷。

3．GUI 测试工具

很多嵌入式应用带有某种形式的图形用户界面进行交互，有些系统性能测试是根据用户输入响应时间进行的。GUI 测试工具可以作为脚本工具在开发环境中运行测试用例，其功能包括对操作的记录和回放、抓取屏幕显示供以后分析和比较、设置和管理测试过程。很多嵌入式设备没有 GUI，但常常可以对嵌入式设备进行插装来运行 GUI 测试脚本，虽然这种方式可能要求对被测代码进行更改，但是节省了功能测试和回归测试的时间。

4．覆盖分析工具

在进行白盒测试时，可以使用代码覆盖分析工具追踪哪些代码被执行过。分析过程可以通过插桩来完成，插桩可以是在测试环境中嵌入硬件，也可以是在可执行代码中加入软件，也可以是二者相结合。测试人员对结果数据加以总结，确定哪些代码被执行过，哪些代码被遗漏了。覆盖分析工具一般会提供有关功能覆盖、分支覆盖、条件覆盖的信息。对于嵌入式软件来说，代码覆盖分析工具可能侵入代码的执行，影响实时代码的运行过程。基于硬件的代码覆盖分析工具的侵入程度要小一些，但是价格一般比较昂贵，而且限制被测代码的数量。

5.1.7　嵌入式应用测试策略

现在，被普遍接受的软件的定义是：软件是计算机系统中与硬件相互依存的另一部分，它包括程序、相关数据及其说明文档。其中程序是按照事先设计的功能和性能要求执行的指令序列；数据是程序能正常操纵信息的数据结构；文档是与程序开发维护和使用有关的各种图文资料。

对于一般商用软件的测试，嵌入式应用测试有其自身的特点和测试困难。

由于嵌入式系统的自身特点，如实时性，内存不丰富，I/O 通道少，开发工具昂贵，并且与硬件紧密相关的 CPU 种类繁多，等等。嵌入式软件的开发和测试也就与一般商用软件的开发和测试策略有了很大的不同，可以说嵌入式软件是最难测试的一种软件。

嵌入式应用测试使用有效的测试策略是唯一的出路，它可以使开发的效率最大化，避免目标系统的瓶颈，使用在线仿真器节省昂贵的目标资源。自从出现高级语言，开发环境与最终运行环境通常都是存在差异的，嵌入式系统更是如此。开发环境被认为是主机平台，软件运行环境为目标平台。相应的测试为交叉测试（Host/Target）。

讨论嵌入式应用测试首先就会遇到一个问题：为什么不把所有测试都放在目标上进行呢？因为若所有测试都放在目标平台上有很多不利的因素。

- 测试软件，可能会造成与开发者争夺时间的瓶颈，避免它只有提供更多的目标环境。
- 目标环境可能还不可行。
- 比起主机平台环境，目标环境通常是不精密的和不方便的。
- 提供给开发者的目标环境和联合开发环境通常是很昂贵的。
- 开发和测试工作可能会妨碍目标环境已存在持续的应用。

从经济和开发效率因素考虑，软件开发周期中尽可能大的比例在主机系统环境中进行，其中包括测试。

确定交叉测试环境后，开发测试人员又会遇到以下的问题。

- 多少开发人员会卷入测试工作（单元测试、软件集成、系统测试）？
- 多少软件应该测试，测试会花费多长时间？
- 在主机环境和目标环境有哪些软件工具，价格怎样，适合怎样?
- 多少目标环境可以提供给开发者，什么时候?
- 主机和目标机之间的连接怎样？
- 被测软件下载到目标机有多快?
- 使用主机与目标环境之间有什么限制（如软件安全标准）？

任何人或组织进行嵌入式软件的测试都应深入考虑以上问题，结合自身实际情况，选定合理测试策略和方案。

嵌入式应用测试在各个测试阶段有着通用的策略，具体如下。

1．单元测试策略

所有单元级测试都可以在主机环境上进行，除非少数情况，特别具体指定了单元测试直接在目标环境进行。最大化在主机环境进行软件测试的比例，通过尽可能小的目标单元访问所有目标指定的界面。

在主机平台上运行测试速度比在目标平台上快得多，当在主机平台完成测试，可以在目标环境上重复做一简单的确认测试，确认测试结果在主机和目标机上没有被他们的不同而影响。在目标环境上进行确认测试将确定一些未知的、未预料到的、未说明的主机与目标机的不同。例如，目标编译器可能有 Bug，但在主机编译器上没有。

2．集成测试策略

软件集成也可在主机环境上完成，在主机平台上模拟目标环境运行，当然在目标环境上重复测试也是必需的，在此级别上的确认测试将确定一些环境上的问题，例如，内存定位和分配上的一些错误。

在主机环境上的集成测试的使用，依赖于目标系统的具体功能有多少。有些嵌入式系统与目标环境耦合得非常紧密，若在主机环境做集成是不切实际的。一个大型软件的开发可以分几个级别的集成。低级别的软件集成在主机平台上完成有很大优势，越往后的集成越依赖于目标环境。

3. 系统测试和确认测试策略

所有的系统测试和确认测试必须在目标环境下执行。当然在主机上开发和执行系统测试，然后移植到目标环境重复执行是很方便的。对目标系统的依赖性会妨碍将主机环境上的系统测试移植到目标系统上，况且只有少数开发者会卷入系统测试，所以有时放弃在主机环境上执行系统测试可能更方便。

确认测试最终的实施平台必须在目标环境中，系统的确认必须在真实系统之下测试，而不能在主机环境下模拟。这关系到嵌入式软件的最终使用。

包括恢复测试、安全测试、强度测试、性能测试，已超出了软件测试的范畴，本文暂不讨论。

使用有效的交叉测试策略可极大地提高嵌入式应用测试的水平和效率，当然正确的测试工具使用也是必不可少的。

总结一下，应用以上测试工具进行交叉时的策略内容如下。

1）使用测试工具的插装功能（主机环境）执行静态测试分析，并且为动态覆盖测试准备好一插装好的软件代码。

2）使用源码在主机环境执行功能测试，修正软件的错误和测试脚本中的错误。

3）使用插装后的软件代码执行覆盖率测试，添加测试用例或修正软件的错误，保证达到所要求的覆盖率目标。

- 在目标环境下重复步骤 2），确认软件在目标环境中执行测试的正确性。
- 若测试需要达到极端的完整性，最好在目标系统上重复步骤 3），确定软件的覆盖率没有改变。

通常在主机环境执行多数的测试，只是在最终确定测试结果和最后的系统测试才移植到目标环境，这样可以避免发生访问目标系统资源上的瓶颈，也可以减少在昂贵资源如在线仿真器上的费用。另外，若目标系统的硬件由于某种原因而不能使用时，最后的确认测试可以推迟直到目标硬件可用，这为嵌入式软件的开发测试提供了弹性。设计软件的可移植性是成功进行 cross-test 的先决条件，它通常可以提高软件的质量，并且对软件的维护大有益处。以上所提到的测试工具，都可以通过各自的方式提供测试在主机与目标之间的移植，从而使嵌入式应用测试得以方便地执行。

5.2 嵌入式应用测试工具介绍

符合嵌入式软件特点的仿真测试平台及环境，对嵌入式软件进行综合全面的测试，验证软件是否满足设计要求，提高软件的可靠性和安全性能力，分析软件执行过程，提高代码效率。本节介绍主流嵌入式软件仿真测试平台和环境，包括 ETest、CodeTEST、Tessy、CMocka 和 ModelSim 等工具。

5.2.1 ETest Studio

嵌入式系统测试平台集成开发环境（Embedded System Test Platform Developmemt Studio，简称：ETest Studio）是一款用于嵌入式系统测试工装（测试设备）研发与部署的集成开发工具。ETest Studio 具有应用范围广、开发效率高、使用简单、可扩展性强、国产自主可控等特点，可广泛应用于航空航天、武器装备、工业控制、汽车电子、仪器仪表等各行业。

ETest Studio 功能模块包括测试设计软件模块、测试执行服务软件模块、测试执行客户端软件模块、设备资源管理软件模块以及测试辅助软件工具包等。主要功能如下。

- 提供涵盖测试资源管理、测试环境描述、接口协议定义、测试用例设计、测试执行监控、测试任务管理等功能为一体的测试软件集成开发环境。
- 提供各类控制总线和仪器接口 API，可由开发人员集成各类通用接口板卡和用户自定义的接口板卡。支持的 I/O 类型包括 RS232/422/485、1553B、CAN、TCP、UDP、AD、DA、DI、DO、ARINC429 等，并可灵活扩展。
- 支持对待测系统及其外围环境、接口情况等进行可视化仿真建模设计。
- 提供接口协议描述语言（DPD 语言）及其编辑编译环境。
- 可视化监控界面设计及实时数据监控。
- 可通过表格、仪表、曲线图、状态灯等虚拟仪表实时监测接口数据。
- 可按二进制、十进制、十六进制监测输入与输出的原始报文并查询过滤。
- 提供灵活快捷的测试用例脚本编辑与开发环境。
- 测试脚本支持时序测试和多任务实时测试。
- 具有可自动生成满足不同组合覆盖要求测试数据的功能。
- 实时记录加时间戳的测试数据并支持测试数据的管理与统计分析。
- 提供 Matlab/Simulink 集成接口，可实现现有仿真模型的开发和利用，支持仿真模型实时代码的生成和运行。
- 提供实时内核模块，可实现高可靠性强实时测试，响应时间≤1 ms，同步传送和抖动时间小于 10 μs。上位机和下位机分别采用 Windows 和实时操作系统。

主要特点如下。

- 具有面向测试人员的描述能力，实现接口与通道管理、协议组包与解包、测试参数组合等功能，消除测试系统开发中软件编程与测试逻辑开发的鸿沟，即使是测试人员也可以基于 ETest Studio 开发出专业的测试系统或设备。
- 具有底层技术无关性，系统屏蔽了操作系统、硬件驱动、接口编程等技术细节，在进行测试平台开发时，用户仅需关注测试需求而非硬件操作。
- 采用分布式计算技术，可实现从单机到多机不同规模的测试环境构建。
- 实现开发平台与运行平台的分离，所开发出的测试应用可独立运行，为开发各类专用测试应用系统提供支撑。
- 具有层次化的软件结构和开放的系统架构，还支持第三方产品的集成。
- 支持多种类型测试：功能测试、接口测试、边界测试、强度测试、安全性测试、恢复性测试、性能测试、敏感性测试、余量测试、容量测试、压力测试、随机测试、异常测试等。

凯云科技基于 ETest Studio，目前已开发出 3 种硬件架构的产品，包括便携式嵌入式系统半实物测试平台（ETest_USB）、工业信息物理系统验证测试平台（ETest_CPS）、实时级嵌入式系统半实物仿真测试平台（ETest_RT）。用户可以基于 ETest Studio 开发符合自身要求的测试系统或者测试设备，也可以根据需求直接选购 ETest_USB、ETest_CPS 或 ETest_RT。

5.2.2 CodeTEST

CodeTEST 是专为嵌入式系统设计的软件测试工具，CodeTEST 为追踪嵌入式应用程序、分析软件性能、测试软件的覆盖率，以及分析内存的动态分配等提供了一套实时在线的高效率解决方案。CodeTEST 通过网络远程检测被测系统的运行状态，满足不同类型的测试环境，给整个开发和测试团队带来高品质的测试手段。CodeTEST 支持几乎所有的主流嵌入系统的软件和硬件平台，支持多种 CPU 类型和嵌入式操作系统。CodeTEST 支持几乎所有的 64/32 位 CPU 和部分 16 位 MCU，支持数据采集时钟频率高达 133 MHz。CodeTEST 可通过 PCI/cPCI/VME 总线采集测试数据，也可通过 MICTOR 插头、飞线等手段对嵌入式系统进行在线测试，无须改动被测系统的设计。

CodeTEST 系统包括以下 4 个功能模块。

（1）性能分析

CodeTEST 能够同时对多达 128000 个函数进行非采样性测试，精确计算出每个函数或任务的执行时间或间隔，并能够列出其最大和最小的执行时间。CodeTEST 的性能分析功能也能够为嵌入式应用程序的优化提供依据，使软件工程师可以有针对性地优化某些关键性的函数或模块，从而改善整个软件的总体性能。

（2）覆盖分析

CodeTEST 提供程序总体概况、函数级代码，以及源级覆盖趋势等多种模式来观测软件的覆盖情况。CodeTEST 覆盖率信息包括程序实际执行的所有内容，而不是采样的结果，它以不同颜色区分运行和未运行的代码，可以跟踪超过一百万个分支点，特别适合测试大型嵌入式软件。

（3）动态存储器分配分析

CodeTEST 能够显示有多少字节的存储器被分配给了程序的哪一个函数。CodeTEST 可以统计出所有的内存的分配情况，指出存储体分配的错误，让测试者可以同时看到其对应的源程序内容。

（4）追踪分析

CodeTEST 可以按源程序、控制流以及高级模式来追踪嵌入式软件，最大追踪深度可达 150 万条源级程序。其中高级模式显示的是 RTOS 的事件和函数的进入退出，给测试者一个程序流程的大框图；控制流追踪增加了可执行函数中每一条分支语句的显示；源程序追踪增加了对被执行的全部语句的显示。在以上 3 种模式下，均会显示详细的内存分配情况，包括在哪个代码文件的哪一行，哪一个函数调用了内存的分配或释放函数，被分配的内存的大小和指针，被释放的内存的指针，出现的内存错误。

CodeTEST 有 3 个版本可供选择，支持的功能不同，可满足不同应用的需求。具体适用性如下所示。

（1）CodeTEST Native

在早期的开发阶段，采用 CodeTEST Native 的插桩器可以实现较快的软件测试和分析。虽然此阶段的测试和分析不是实时测试，但这是没有目标硬件连接时最好的分析和查找问题的方法。

（2）CodeTEST SWIC （Software in Circuit）

当有硬件连接到测试系统时，我们就可以采用 target hardware 工具了。通常在这一阶段，逻辑分析仪、仿真器和纯软件工具用来确定系统是否正常工作，但是采用这些工具测试软件往往增加了测试工程师工作的难度和压力。而采用 CodeTEST SWIC，通过目标代理（target agent）来测试和分析目标硬件就不需要硬件工具了。CodeTEST SWIC 插桩器还可以很方便地让你从 CodeTEST Native 的 desktop-stimulated 测试跳转到目标硬件的实时测试。跳转后，插桩器、脚本的文件格式和数据不受 Native 环境影响。而且，就学习 Native 和 CodeTEST SWIC 的测试方法而言是差不多的。对于大多数在这两种开发阶段使用过其他的工具的开发者，CodeTEST 可以大大节约开发的时间。虽然 CodeTEST SWIC 工具不提供外部硬件测试系统的细节情况，但它为硬件的探测的难题提供了解决方案，提供了强大的代码覆盖实时工具、内存分析和软件追踪，而且在真实硬件环境中运行，价格低廉。

（3）CodeTEST HWIC （Hardware in Circuit）

当进入此阶段时，需要一组能提供监视软件测试深度和精确度的工具。带有的 Bug 和错误的程序必须修改、升级或更新。CodeTEST HWIC 工具采用外部硬件辅助和相应的通信系统来实现最大程度的软件实时测试。与逻辑分析仪和仿真器不同，CodeTEST HWIC 具有处理复杂嵌入式系统的实时测试能力。CodeTEST 外置的硬件探测系统主要包括控制和数据处理器、大容量内存和可编程的升级定时器，因此大型测试的时间精度可在+/-50 ns 内。CodeTEST HWIC 除了提供测试代码覆盖率、内存分析和追踪分析，它的精确的实时测试能力还可以查出软件性能和质量上的问题所在。

5.2.3 Tessy

Tessy 源自戴姆勒-奔驰公司的软件技术实验室，由德国 Hitex 公司负责全球销售及技术支持服务，是一款专门针对嵌入式软件进行单元、集成测试的工具。它可以对 C/C++ 代码进行单元测试和集成测试，可以自动化搭建测试环境、执行测试、评估测试结果并生成测试报告，其多样化的测试用例导入生成方式和与测试需求关联的特色，使 Tessy 在测试组织和测试管理上也发挥了良好的作用。

Tessy 的主要特点如下。

在 V 模型开发中，Tessy 主要应用在单元测试和集成测试阶段。单元测试通过运行代码检测出函数中错误，如算法错误、接口问题等；集成测试则在单元测试的基础上验证单元之间接口的正确性。基于越早发现 Bug 开发成本越低的原则，在进行代码功能验证的过程中，按照 V 流程右半部分先完成单元测试再进行集成测试的测试顺序更为有效。

Tessy 也可以满足各类标准（如 ISO 26262、IEC 61508、EN 50128/50129 等）对测试的需求，例如，Tessy 可以满足 ISO 26262 中各等级对单元、集成测试的要求，当然 Tessy 本身也通过了 TUV 的认证，证明该软件是安全可靠的，可以在安全相关的软件研发过程中使用。

Tessy 的主要功能如下。

- 自动生成测试环境、一键执行及评估结果。
- 可以自动生成驱动程序、桩函数，帮助测试人员提高单元测试效率。
- 支持一键执行测试，并自动对测试结果进行评估，可生成多种形式的报告。

5.2.4 CMocka

CMocka 是一款支持 mock 对象、面向 C 语言的单元测试框架，CMocka 往往通过编译成库的形式，供 C 单元测试程序链接调用，其前身是谷歌开发的 Cmockery。

CMocka 框架具有如下特性。

- 支持模拟对象，可设置模拟函数的期望返回值、期望输出参数，可检查模拟函数的输入参数、函数调用顺序。
- 支持 Test fixtures（包括 setup 和 teardown）。
- 不依赖第三方库，只需要一个 C 库即可。
- 支持众多平台（Linux、BSD、Solaris、Windows 和嵌入式平台）和编译器（GCC、LLVM、MSVC、MinGW 等）。
- 提供对异常信号（SIGSEGV、SIGILL、…）的处理。
- 非 fork（）执行。
- 提供基本的内存检测，包括内存泄漏、内存溢出检测。
- 提供丰富的断言宏。
- 支持多种格式输出（STDOUT、SUBUNIT、TAP、XML）。
- 开源。

5.2.5 ModelSim

ModelSim 是 Mentor 公司的 HDL 语言仿真软件，它能提供友好的仿真环境，是业界唯一的单内核支持 VHDL 和 Verilog 混合仿真的仿真器。它采用直接优化的编译技术、Tcl/Tk 技术和单一内核仿真技术，编译仿真速度快，编译的代码与平台无关，便于保护 IP 核，个性化的图形界面和用户接口，为用户加快调错提供强有力的手段，是 FPGA/ASIC 设计的首选仿真软件。

ModelSim 的主要特点如下。

- RTL 和门级优化，本地编译结构，编译仿真速度快，跨平台跨版本仿真。
- 单内核 VHDL 和 Verilog 混合仿真。
- 源代码模板和助手，项目管理。
- 集成了性能分析、波形比较、代码覆盖、数据流 ChaseX、Signal Spy、虚拟对象 Virtual Object、Memory 窗口、Assertion 窗口、源码窗口显示信号值、信号条件断点等众多调试功能。
- 集成 C 和 Tcl/Tk 接口，可对 C 进行调试。
- 对 SystemC 的直接支持，和 HDL 任意混合。
- 支持 SystemVerilog 的设计功能。
- 对系统级描述语言的最全面支持，如 SystemVerilog，SystemC，PSL。
- 可以单独或同时运行行为级、RTL 级和门级（gate-level）的代码。

5.3 基于 FPGA 的嵌入式软件测试

本节以 FPGA 软件测试流程入手，通过设计检查、功能仿真、时序仿真、逻辑等价性验证、静态时序分析，介绍 FPGA 软件测试的基本方法；通过功能仿真测试、时序仿真测试、接口测试、性能测试、安全性测试、恢复性测试、强度测试、边界测试介绍 FPGA 仿真测试。

5.3.1 FPGA 测试流程及方法

FPGA 的测试流程工作与设计工作同步进行。对于每个设计模块，设计工程师首先需要阅读需求规格说明，解读其中的系统表述，然后使用硬件描述语言实现相应的逻辑，测试工程师的工作是阅读同样的需求规格说明并对其做出独立的理解，然后利用测试来检查设计师开发出的逻辑代码是否与测试工程师的解读一致。

FPGA 验证就是通过仿真、时序分析、上板调试等手段验证设计的正确性，在 FPGA 系统开发流程中，验证主要包括功能验证和时序验证两个部分。由于功能仿真和时序仿真涉及验证环境的建立，需要耗费大量的时间，对时序报告进行分析也是一个非常复杂的事情，因此验证在整个设计流程中占用了大量的时间，在复杂的 FPGA 设计中，验证所占的时间在70%左右。

现在的 FPGA 设计都在向 SoC（System On Chip，片上系统）的方向发展，设计的复杂度都大大提高，如何保证这些复杂系统功能的正确性成为至关重要的问题。功能验证对所有功能进行充分验证，尽早地暴露问题，保证所有功能完全正确，从而满足设计的需要。任何潜在的问题都会给后续工作带来极大困难，问题发现得越迟，付出的代价也越大。FPGA 测试流程主要包含以下几个部分。

（1）制定测试计划

根据需求规格说明，需要制定完备的测试计划，这个是 FPGA 测试的第一步，如果对需求规格说明的理解不够充分，制定的测试计划就是有缺陷的，如果测试计划是有缺陷的，那么后面的测试将是不完整的，测试也就失去它该有的意义，因此在进行测试之前，需要制定完备的测试计划，后面的测试都要按照这个测试计划进行。

（2）编码规则检查

测试计划制定完成后，开始进行测试，进行的第一项测试内容是编码规则检查与人工走查，这一步至关重要，主要通过编码规则检查工具与人工审查方法发现 RTL 代码中的缺陷。这一步发现的问题可能看上去并不算什么，但往往这些小的问题可能会对后面的实现产生巨大影响，较差的编程风格及编码习惯是埋下致命缺陷的第一步，因此这一步不可大意。

（3）仿真测试

进行完编码规则检查之后，下一步就是搭建仿真环境进行仿真测试，仿真测试包含功能仿真测试和时序仿真测试，通过功能仿真测试可以发现设计中与测试计划功能实现不一致的地方，时序仿真测试是对添加了延迟信息的网表文件进行功能验证，与此同时，可以进行逻辑等价性验证，对 RTL 代码和网表文件进行等价性验证，验证 RTL 代码在综合布局布线时有没有发生变化，结合逻辑等价性验证可以减轻时序仿真调试的工作量。

（4）静态时序分析

当完成仿真测试后，进行静态时序分析，在该阶段，通过静态测试方法检查设计中是否存在时序违例的情况，并分析造成时序违例的原因，或进行时序约束或进行代码优化。

（5）回归测试

当前面的任何步骤出现问题时，需要对代码进行修改，然后进行迭代验证，直到验证通过，这就是回归测试。

在介绍完测试流程后，接下来简单介绍 FPGA 测试常用的基本方法。常用的 FPGA 测试方法有设计检查、功能仿真、时序仿真、逻辑等价性验证、静态时序分析和板级测试等。

设计检查指依据设计文档或设计准则，对代码和设计的一致性、代码执行标准情况、代码逻辑表达的正确性、代码结构的合理性以及代码的可读性进行审查，设计检查的主要形式包括编码规则检查和人工代码走查。

功能仿真是对 RTL 代码进行功能仿真验证，验证功能逻辑设计是否为正确的过程，功能仿真不考虑延时信息。功能仿真要求语句、分支、条件等覆盖率达到 100%，对未覆盖的语句和分支等进行未覆盖分析及影响域分析。

时序仿真是在布局布线完成后开展的仿真测试，时序仿真需要考虑门级演示和走线延时，由于时序仿真需要的仿真时间较长，在实际测试中应针对性地开展时序仿真测试。

逻辑等价性验证是指通过相应的工具，如 Formality（synopsys 公司的形式化验证工具），对设计的 RTL 代码、逻辑综合后的网表文件、布局布线后网表文件展开逻辑等价性对比，需要人工对工具的对比结果进行二次分析，对不等价的对比点展开问题追踪和定位。

静态时序分析是指分析逻辑综合和布局布线后得到的静态时序信息，根据信息找出不满足建立、保持时间路径以及不符合约束路径的过程。

5.3.2　FPGA 仿真测试

FPGA 仿真测试是指通过仿真工具（如 ModelSim、Vivado Simulation 等）运行 FPGA 设计的 RTL 代码或网表文件，动态模拟 FPGA 运行环境中与其交互的其他软件的行为，将该行为以激励形式发送给 FPGA 软件，观察 FPGA 软件运行结果是否与预期一致。在 FPGA 设计中，仿真一般分为功能仿真（前仿真）和时序仿真（后仿真）。功能仿真又叫逻辑仿真，是指在不考虑器件延时和布线延时的理想情况下对源代码进行逻辑功能的验证。时序仿真在布局布线后进行，它与特定器件有关，包含器件和布线的延时信息，主要验证程序在目标器件中的时序关系。

FPGA 仿真测试主要包括功能仿真测试、时序仿真测试、接口测试、性能测试、安全性测试、恢复性测试、强度性测试、边界测试。下面分别对每项仿真测试内容进行详细说明。

1．功能仿真测试

功能仿真测试用例应覆盖软件需求规格说明文档中的所有功能点：分析测试覆盖率，一般情况下只统计语句、分支、状态机覆盖率，要求覆盖率达到 100%，对于未覆盖的内容应进行影响域分析。有需要时还需要对条件、表达式覆盖率进行统计与分析。

2．时序仿真测试

在 3 种工况（最好、最差、典型）下，测试用例应覆盖软件需求规格说明文档中的所有功能点和时序要求。时序仿真测试与功能仿真测试采用相同测试激励，通过运行仿真激励对被测软件代码布局布线后的逻辑网表进行仿真，分别添加 3 种工况下的 SDF 文件，对功能和时序进行测试。

3．接口测试

对软件需求规格说明文档中的接口协议和时序的正确性进行测试，逐项测试接口需求的正常和异常情况。对于输入接口，至少设计正常测试用例和异常测试用例各一个，对于输出接口测试，应至少设计一个正常测试用例。

对于输入接口的正常测试用例，当输入条件符合接口协议和时序要求（其中输入时序的参数设计，应当在输入时序要求的全工况范围内变化）时，测试接口接收情况是否符合设计要求。

对于输入接口的异常测试用例，当输入条件不符合接口协议时，测试接口接收情况是否满足设计要求，接收是否会死机；当输入条件不符合时序要求（输入时序的参数超出时序要求规定值）时，测试导致接口接收错误的时序参数偏差极限，以及当接口接收错误时，接收是否会死机。

对于输出接口的正常测试用例，接口正常输出时，测试输出协议和时序是否满足需求规格说明文档中的要求。

4．性能测试

对 FPGA 软件的最终实现性能进行测试，验证 3 种工况下性能是否满足时间指标、精度指标和时序指标要求。对于时间指标，测试 3 种工况下，最差时间性能是否满足需求规格说明文档中的时间指标要求：对于精度指标，测试 3 种工况下，最大精度偏差是否小于需求规格说明文档中的精度指标要求；对于时序指标，测试 3 种工况下，时序是否满足需求规格说明文档中的时序指标要求。

5．安全性测试

对 FPGA 软件的最终安全性进行测试，仿真测试中的安全性测试主要包括验证状态机安全性设计和三模冗余设计的有效性。对于状态机安全性测试，通过运行仿真激励对被测软件代码布局布线后的逻辑网表进行仿真，当状态机跳转到异常状态时，测试状态机是否有异常状态处理，能够跳转到初值状态，不会出现死机；对于三模冗余安全性测试，通过运行仿真激励对被测软件代码布局布线后的逻辑网表进行仿真，分别模拟三模冗余设计中的一路、两路和三路发生错误，观察输出结果是否正确。

6．恢复性测试

测试需求规格说明中规定的具有恢复或重置功能的软件的复位信号、初始化信号及重置信号等的有效性，以及在复位有效时是否处于确定的、可靠的状态，在复位信号无效时能否正常响应系统输入。通过设置有效复位信号或置位信号，保持一段有效时间，观察系统是否复位以及信号是否处于确定的、可靠的状态；撤销复位后，观察系统能否正常响应系统输入。

7．强度性测试

强度性测试主要是测试程序最大处理信息量、最大存储范围、串口通信时钟偏差，持续一段规定时间的仿真运行情况。对于最大处理信息量，设计所有数据通道同时输入最大信息量数据（例如，N 通道数据同时开始输入数据，或图像处理中，图像为最大尺寸图像等），观察对输入数据的处理是否运行正常；对于最大存储范围，对设计中的 RAM 或者 FIFO，不断写入数据，观察 RAM 或者 FIFO 是否写满，探索 RAM 或 FIFO 最大存储范围；对于串口通信时钟偏差，改变串口通信时钟频率，探测串口通信极限时钟工况；对于持续一段规定时间的仿真运行情况，保持仿真测试运行一定时间，完成软件所有功能，观察仿真运行情况是否正常。

8．边界测试

边界测试用于测试输入域或输出域的边界或端点，测试状态转换的边界或端点，测试功能界限的边界或端点，测试性能界限的边界或端点，测试容量界限的边界或端点，其主要测试方法包含以下几点。

- 测试输入域或输出域的边界或端点：设计输入值为输入域的边界或端点时，观察软件对边界或端点值的处理情况是否满足设计要求；输出域边界测试观察输出值范围是否超出边界；对于输出域边界或端点对外部设备的影响，可通过代码审查与外部接口确认。
- 测试状态转换的边界或端点：设计状态机跳转到所有正常状态，包括边界或端点状态，观察状态机是否正常跳转。
- 测试功能界限的边界或端点：设计功能处于界限的边界或者端点状态，观察软件对功能界限的边界或端点的处理情况。
- 测试性能界限的边界或端点：设计性能指标为时间性能、精度性能或者时序精度边界或端点状态，观察软件是否正常运行。
- 测试容量界限的边界或端点：测试 RAM、FIFO 等存储单元边界或端点存储数据和读数据是否正确。

5.4　Vivado Simulation 安装与应用

Vivado 设计套件内部集成了仿真器 Vivado Simulation，能够在设计流程的不同阶段运行设计的功能仿真和时序仿真，结果可以在 Vivado IDE 集成的波形查看器中显示。Vivado Simulation 是 Vivado 平台的系统自带仿真软件，因此该工具可在 Vivado 安装后自动获得。本节介绍 Vivado Simulation 的基本操作，使用 Vivado Simulation 工具完成测试的一般流程。

5.4.1　Vivado Simulation 的基本功能

Vivado Simulation 是一款硬件描述语言事件驱动的仿真器，支持功能仿真和时序仿真，支持 VHDL、Verilog、System Verilog 和混合语言仿真。Vivado Simulation 的工具栏中显示了控制仿真过程的常用功能按钮，如图 5-2 所示。

图 5-2　控制功能示意图

工具栏中各个工具图标的控制功能如下。

- Restart：从 0 时刻开始重新运行仿真。
- Run All：运行仿真一直到处理完所有 event 或遇到指令指示停止仿真。
- Run For：按照设定的时间运行仿真，每点击一次都运行指定时长。
- Step：运行仿真 Run For 的一次步长时间。

- Break：暂停仿真运行。
- Relaunch Simulation：重新编译仿真源文件且 restart 仿真，当修改了源代码并且保存了文件后，只需要 Relaunch 即可，而不必关闭仿真再重新打开运行。

Vivado Simulation 中，将 HDL 设计中的一个层次划分称作一个 Scope，例如，实例化一个设计单元便创建了一个 Scope。

在 Scope 窗口中可以看到设计结构，选中一个 Scope 后，该 Scope 中所有的 HDL 对象都会显示在 Objects 窗口中；可以选择将 Objects 窗口中的对象添加到波形窗口中，这样便可以观察到设计中的内部信号，如图 5-3 所示。

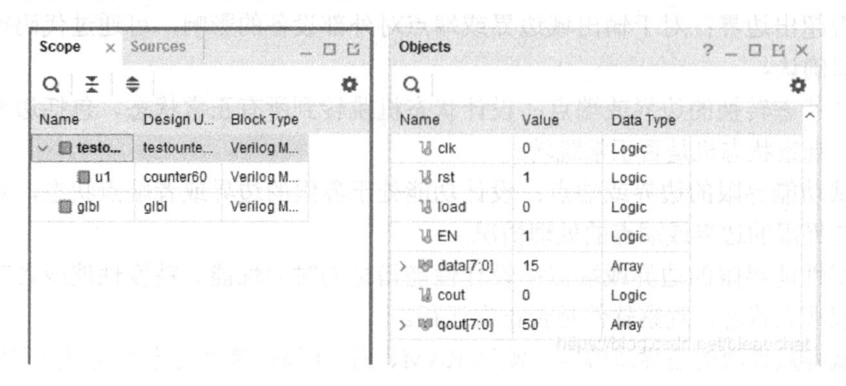

图 5-3　Scope 窗口示意图

对某一 Scope 右击，弹出的功能菜单如图 5-4 所示。

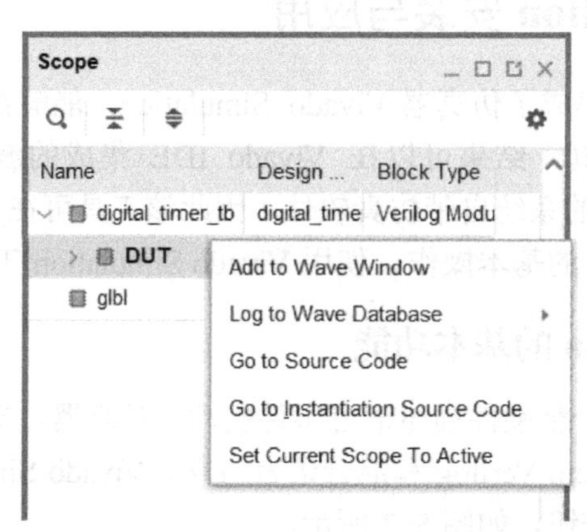

图 5-4　Scope 窗口右击后功能示意图

该功能菜单中的各项功能如下。

- Add to Wave Window：将所有状态为可见的 HDL 对象添加到波形窗口，值从添加到仿真波形的时刻开始显示，想要显示插入之前的值，必须 Restart（注意不是 Relaunch，否则会耗费更多的时间）。
- Go to Source Code：打开定义选中 Scope 的源代码。
- Go to Instantiation Source Code：打开实例化选中实例的源代码（对于 Verilog 而言是 module，对于 VHDL 而言是 entity）。
- Log to Wave Database：可以选中记录当前 Scope 的对象，或者记录当前 Scope 的对象与所有下级的 Scope；相关数据会存储在 project_name.sim/sim_1/behav 目录下的 wdb 文件中。

- Set Current Scope to Active：激活当前选中的 Scope。

在 Objects 窗口中，显示了当前选中的 Scope 所包含的 HDL 对象，不同类型或端口的对象显示为不同的图标，在 Settings 中可以设置显示的类型，如图 5-5 所示。

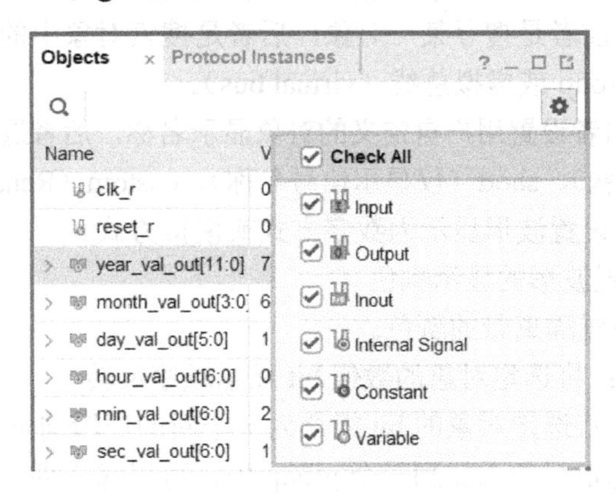

图 5-5　Objects 窗口示意图

在 Objects 窗口中，选中某个 Objects 右击，可以设置如下一些功能。

- Show in Wave Window：在波形窗口中高亮选定的对象。
- Radix：设置 Objects 窗口中选定对象值的显示数字格式，包括默认、2 进制（Binary）、16 进制（Hexadecimal）、8 进制（Octal）、ASCII 码、无符号 10 进制（Unsigned Decimal）、带符号 10 进制（Signed Decimal）和符号量值（Signed Magnitude）。注意：此处设置不会影响到波形窗口中的显示方式。
- Defult Radix：设置 Radix 中 Default 所表示的值。
- Show as Enumeration：显示 SystemVerilog 枚举信号的值，不选中时，枚举对象的值按 radix 的设置方式显示。
- Force Constant：将选中对象的值强行定义为一个常量。
- Force Clock：将选中对象强行设定为一个来回振荡的值（像时钟一样）。
- Remove Force：移除选定对象的所有 Force 设置。

当运行仿真后，会自动打开一个波形窗口，默认显示仿真顶层模块中的 HDL 对象的波形配置，如图 5-6 所示。如果关闭了波形窗口，可以单击 Window→Waveform 重新打开。

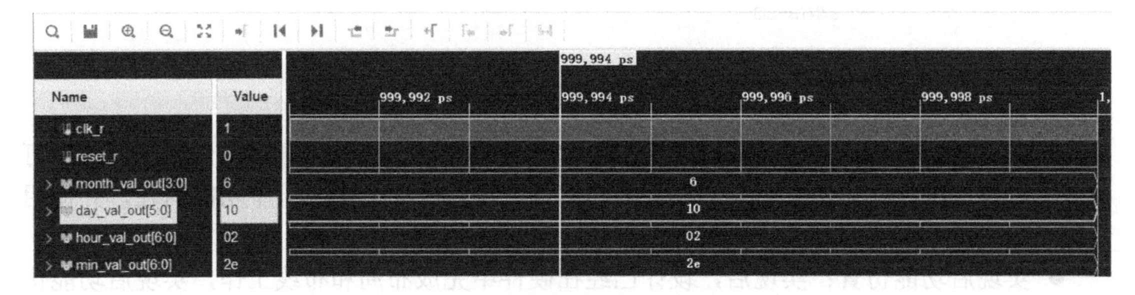

图 5-6　Wave 窗口示意图

窗口中的 HDL 对象和分组情况称作一个波形配置，可以将当前配置保存为 wcfg 文件，下次运行仿真时就不需要重新添加仿真对象或分组。窗口中还有游标、记号、时间尺等功能帮助设计者测量时间。

在 Wave 窗口中，选中某一对象右击，可以在弹出菜单中设置如下功能。

- Show in Wave Window：在 Object 窗口中高亮选定的对象。
- Find/Find Value：前者是搜寻某一对象，后者是搜索对象中的某一值。
- Ungroup：拆分 group 或虚拟总线（virtual bus）。
- Rename/Name：前者设置用户自定义的对象显示名称，后者选中名称的显示方式：long（显示所处层次结构）、short（仅显示信号名称）、custom（Rename 设置的名称）。
- Waveform Style：设置波形显示为数字方式或模拟方式。
- Signal Color：设置波形的显示颜色。
- Divider Color：设置隔离带的颜色。
- Reverse Bit Order：将选定对象的数值 bit 显示顺序反转。
- New Virtual Bus：将选定对象的 bit 组合为一个新的逻辑向量。
- New Group：将选定对象添加到一个 group 中，可以像文件夹一样排列。
- New Divider：在波形窗口中添加一个隔离带，将信号分开，便于观察。

Vivado Simulation 会将配置（用户接口控制和 Tcl 命令）保存到仿真运行目录的 xsimSettings.ini 文件中，下次打开仿真时就会自动恢复相关设置；使用此功能时在 Simulation Settings 中关闭 clean up simulation files，以防止重新运行仿真时配置文件被删除。如果想要恢复默认设置，则开启 clean up simulation files，或直接删除 xsimSettings.ini 文件即可。

5.4.2 Vivado Simulation 的测试过程

工程创建好后，便可运行行为级仿真（Behavioral Simulation），在此之后，可以运行功能仿真（Functional Simulation）和时序仿真（Timing Simulation）。在 Flow Navigator 中单击 Run Simulation，在弹出菜单中选择需要运行的仿真，如图 5-7 所示。

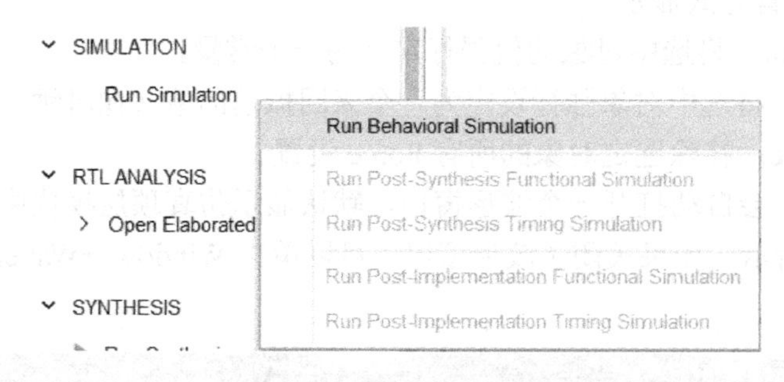

图 5-7　启动仿真示意图

- 综合后功能仿真：综合后，通用的逻辑转换为器件相关的原语，综合后功能仿真可以确保综合优化不会影响到设计的功能性。运行时，会生成一个功能网表，并使用 UNISIM 库。
- 实现后功能仿真：实现后，设计已经在硬件中完成布局和布线工作，实现后功能仿真可以确保物理优化不会影响到设计的功能性。运行时，会生成一个功能网表，并使用 UNISIM 库。

- 综合后时序仿真：该仿真使用器件模型中估算的时间延迟，并且不包括内部连线延迟。通用的逻辑转换为器件相关的原语后，可以使用估算的布线和组件间延迟。使用此仿真可以在实现之前查看潜在的时序严苛路径。
- 实现后时序仿真：该仿真使用真实的时间延迟。使用该仿真来检查设计功能是否能工作在设定的速度上，可以检测出设计中未约束的路径、异步路径时序错误（如异步复位）。

设计者可以创建一个批处理文件，添加到工程中，其中的命令将在仿真开始后运行，常用的流程步骤如下所示。

1）创建一个包含仿真命令的 Tcl 脚本，如果想仿真运行到 5 μs，添加“run 5 μs”命令；如果想监测设计内部信号，将其添加到波形窗口中，添加 add_wave/top/I1/signalName 命令。

2）将脚本文件命名为 post.tcl 并保存。

3）将 post.tcl 文件以仿真源文件的形式添加到工程中，会显示在 Sources 窗口的 Simulation 文件夹下。

4）在仿真工具栏中单击 Relaunch 重新编译运行仿真，Vivado 会自动读取并执行文件中的命令。

5.5　仿真实验程序测试案例

针对一个嵌入式系统实例，本节通过系统设计需求和系统测试两个部分对系统的设计需求、系统实现、测试用例设计和测试实施内容进行讲解。在系统设计实现中，采用硬件描述语言 Verilog 设计实现一个具有调试功能的数字时钟。在系统测试中，采用等价类划分法设计测试用例，采用 TESTBENCH 方法编写测试辅助程序，并通过 Vivado Simulation 平台的 Wave 窗口给出一个代表性测试用例的显示结果。

5.5.1　系统设计实现

1．设计需求

通过 FPGA 器件，采用 Verilog 硬件描述语言，设计实现一个能够对年、月、日、时、分、秒进行显示和计时的数字时钟系统，系统通过特定端口对系统进行调时。

在系统实现后，采用合理的测试技术设计测试用例，以验证系统的有效性和准确性。

2．系统实现

通过 FPGA 器件，采用 Verilog 语言，设计实现数字时钟系统，该设计规划一个顶层模块和 6 个功能模块。顶层模块将各个功能模块进行连接，功能模块分别实现年、月、日、时、分和秒等数值的计数功能。

以下 digital_timer 模块是顶层单元的 Verilog 代码。

1）实现时钟系统的顶层模块，将各个功能模块进行连接，并提供输入、输出接口。

```
module digital_timer(
    input clk_in,
    input reset_in,
```

```
        // set inital value
        input set_init_in,
        input [11:0]    year_val_in,          //[11:0]
        input [3:0]     month_val_in,         //[3:0]
        input [5:0]     day_val_in,           //[5:0]
        input [6:0]     hour_val_in,          //[6:0]
        input [6:0]     min_val_in,           //[6:0]
        input [6:0]     sec_val_in,           //[6:0]
        // output time value
        output [11:0] year_val_out,           //[11:0]
        output [3:0]    month_val_out,        //[3:0]
        output [5:0]    day_val_out,          //[5:0]
        output [6:0]    hour_val_out,         //[6:0]
        output [6:0]    min_val_out,          //[6:0]
        output [6:0]    sec_val_out           //[6:0]
        );
        wire sec_carry_i;
        wire min_carry_i;
        wire hour_carry_i;
        wire day_carry_i;
        wire month_carry_i;
        wire year_carry_i;
        wire flag_FebM_i;
        wire flag_BigM_i;
        wire flag_LeapY_i;
```

① 年计数功能模块。

```
timer_yeartimer_year_inst(
.clk_in             (clk_in),
.reset_in           (reset_in),
.set_init_in        (set_init_in),
.init_val_in        (year_val_in),            //[11:0]
.carry_in           (month_carry_i),
.flag_LeapY_out (flag_LeapY_i),
.year_val           (year_val_out)            //[11:0]
);
```

② 月计数功能模块。

```
timer_monthtimer_month_inst(
.clk_in             (clk_in),
.reset_in           (reset_in),
.set_init_in        (set_init_in),
.init_val_in        (month_val_in),           //[3:0]
.carry_in           (day_carry_i),
.carry_out          (month_carry_i),
.flag_FebM_out      (flag_FebM_i),
```

```
.flag_BigM_out   (flag_BigM_i),
.month_val       (month_val_out)        //[3:0]
    );
```

③ 日数值计数功能模块。

```
timer_daytimer_day_inst(
.clk_in          (clk_in),
.reset_in        (reset_in),
.set_init_in     (set_init_in),
.init_val_in     (day_val_in),          //[5:0]
.carry_in        (hour_carry_i),
.carry_out       (day_carry_i),
.flag_FebM_in    (flag_FebM_i),
.flag_BigM_in    (flag_BigM_i),
.flag_LeapY_in   (flag_LeapY_i),
.day_val         (day_val_out)          //[5:0]
    );
```

④ 时数值计数功能模块。

```
timer_hourtimer_hour_inst(
.clk_in          (clk_in),
.reset_in        (reset_in),
.set_init_in     (set_init_in),
.init_val_in     (hour_val_in),         //[6:0]
.carry_in        (min_carry_i),
.carry_out       (hour_carry_i),
.hour_val        (hour_val_out)         //[6:0]
    );
```

⑤ 分数值计数功能模块。

```
timer_mintimer_min_inst(
.clk_in          (clk_in),
.reset_in        (reset_in),
.set_init_in     (set_init_in),
.init_val_in     (min_val_in),          //[6:0]
.carry_in        (sec_carry_i),
.carry_out       (min_carry_i),
.minute_val      (min_val_out)          //[6:0]
    );
```

⑥ 秒数值计数功能模块。

```
timer_sectimer_sec_inst(
.clk_in          (clk_in),
.reset_in        (reset_in),
.set_init_in     (set_init_in),
.init_val_in     (sec_val_in),          //[6:0]
```

```
.carry_out          (sec_carry_i),
      .sec_val      (sec_val_out)              //[6:0]
      );
endmodule
```

2）以下 timer_year 模块是年计数功能模块的 Verilog 代码。
实现年的计数功能，包括对年值的增加和重置，并检测闰年。

```
module timer_year(
input   clk_in,
input   reset_in,
input   set_init_in,
input   [11:0] init_val_in,
input   carry_in,
      output flag_LeapY_out,
      output [11:0] year_val
      );
      reg [11:0]    timer_val;
      reg flag_LeapY_r;
      always @(posedgeclk_in)
      if (reset_in)
timer_val<= 12'h000;
      else
            if (set_init_in)
timer_val<= init_val_in;
            else if (carry_in)
if (timer_val< 12'hbb8)
timer_val<= timer_val +12'h001;
                  else
timer_val<= 12'h000;
      always @(posedgeclk_in)
      if (reset_in)
flag_LeapY_r <= 1'h0;
      else
            if (timer_val[3:0] == 3'b100)
                  if (timer_val[6:0] == 7'b1100100)
flag_LeapY_r <= 1'b0;
                  else
flag_LeapY_r <= 1'b1;
            else
flag_LeapY_r <= 1'b0;
        assign year_val = timer_val;
        assign flag_LeapY_out = flag_LeapY_r;
endmodule
```

3）以下 timer_month 模块是月数值功能模块的 Verilog 代码。
实现月的计数功能，包括对月值的增加和重置，并检测特定月份。

```
`define DLY #1
module timer_month(
      input    clk_in,
      input    reset_in,
      input    set_init_in,
      input    [3:0] init_val_in,
      input    carry_in,
output   carry_out,
output   regflag_FebM_out,
output   regflag_BigM_out,
output   [3:0] month_val
      );
      reg [3:0]   timer_val;
      reg carry_r;
      wire [3:0] monthcmp_i;
      always @(posedgeclk_in)
      if (reset_in)
timer_val<= 4'h0;
      else
            if (set_init_in)
timer_val<= init_val_in;
            else
                  if (carry_in)
if (timer_val< 4'hc)
timer_val<= timer_val +4'h1;
                        else begin
timer_val<= 4'h0;
carry_r <= 1'b1;
                        end
                  else
carry_r <= 1'b0;
      always @(posedgeclk_in)
            case (timer_val)
                  4'd1   :flag_BigM_out<= 'DLY 1'b1;
                  4'd3   :flag_BigM_out<= 'DLY 1'b1;
                  4'd5   :flag_BigM_out<= 'DLY 1'b1;
                  4'd7   :flag_BigM_out<= 'DLY 1'b1;//1000,0100,0010,1100,1110,0001
                  4'd8   :flag_BigM_out<= 'DLY 1'b1;
                  4'd10 :flag_BigM_out<= 'DLY 1'b1;
                  4'd12 :flag_BigM_out<= 'DLY 1'b1;
default :flag_BigM_out<= 'DLY 1'b0;
endcase
      always @(posedgeclk_in)
            case (timer_val)
                  4'd2   :flag_FebM_out<= 'DLY 1'b1;
default :flag_FebM_out<= 'DLY 1'b0;
```

```
endcase
        assign month_val = timer_val;
        assign carry_out = carry_r;
```

4）以下 timer_day 模块是日数值计数功能模块的 Verilog 代码。
实现日的计数功能，包括对日值的增加和重置，并根据月份和闰年来确定每个月的天数。

```
module timer_day(
      input      clk_in,
      input      reset_in,
      input      set_init_in,
      input      [5:0] init_val_in,
      input      carry_in,
output    carry_out,
      input      flag_FebM_in,
      input      flag_BigM_in,
      input      flag_LeapY_in,
output    [5:0] day_val
      );
      reg [5:0] timer_val;
      reg carry_r;
      reg [5:0] daycmp_i;
      //   assigndaycmp_i = daycmp_in+6'b000001;
      always @(posedgeclk_in)
      if (reset_in)
daycmp_i<= 6'b000000;
      else
            if (flag_FebM_in)
                  if (flag_LeapY_in)
daycmp_i<= 6'd29;
                  else
daycmp_i<= 6'd28;
            else
                  if (flag_BigM_in)
daycmp_i<= 6'd31;
                  else
daycmp_i<= 6'd30;
      always @(posedgeclk_in)
      if (reset_in)
timer_val<= 6'h000000;
      else
            if (set_init_in)
timer_val<= init_val_in;
            else
                  if (carry_in)
if (timer_val<daycmp_i)
```

```
timer_val<= timer_val +6'b000001;
                        else begin
timer_val<= 6'h000000;
carry_r <= 1'b1;
                              end
                  else
carry_r <= 1'b0;
      assign day_val = timer_val;
      assign carry_out = carry_r;
endmodule
```

5）以下 timer_hour 模块是时数值计数功能模块的 Verilog 代码。
实现时的计数功能，包括对时值的增加和重置，并检测小时的溢出。

```
module timer_hour(
      input     clk_in,
      input     reset_in,
      input     set_init_in,
      input     [6:0] init_val_in,
      input     carry_in,
output    carry_out,
output    [6:0] hour_val
      );
      reg [6:0] timer_val;
      reg carry_r;
      always @(posedgeclk_in)
            if (reset_in)
timer_val<= 7'h0000000;
            else
                  if (set_init_in)
timer_val<= init_val_in;
                    else
                         if (carry_in)
if (timer_val<23)
timer_val<= timer_val +7'h0000001;
                              else begin
timer_val<= 7'h0000000;
carry_r <= 1'b1;
                                end
                       else
carry_r <= 1'b0;
        assign hour_val = timer_val;
        assign carry_out = carry_r;
endmodule
```

6）以下 timer_min 模块是分数值计数功能模块的 Verilog 代码。
实现分的计数功能，包括对分值的增加和重置，并检测分钟的溢出。

```
module timer_min(
    input    clk_in,
    input    reset_in,
    input    set_init_in,
    input    [6:0] init_val_in,
    input    carry_in,
output   carry_out,
output   [6:0] minute_val
    );
    reg [6:0] timer_val;
    reg carry_r;
    always @(posedgeclk_in)
        if (reset_in)
timer_val<= 7'h0000000;
        else
            if (set_init_in)
timer_val<= init_val_in;
            else
                if (carry_in)
if (timer_val<59)
timer_val<= timer_val +7'h0000001;
                    else begin
timer_val<= 7'h0000000;
carry_r <= 1'b1;
                        end
                else
carry_r <= 1'b0;
    assign minute_val = timer_val;
    assign carry_out =carry_r;
endmodule
```

7）以下 timer_sec 模块是秒数值计数功能模块的 Verilog 代码。
实现秒的计数功能，包括对秒值的增加和重置，并检测秒的溢出。

```
module timer_sec(
    input    clk_in,
    input    reset_in,
    input    set_init_in,
    input    [6:0] init_val_in,
output   carry_out,
output wire [6:0] sec_val
    );
    reg [6:0] timer_val;
    reg carry_r;
    always @(posedgeclk_in)
    if (reset_in)
timer_val<= 7'h0000000;
```

```
        else
            if (set_init_in)
    timer_val<= init_val_in;
            else
    if (timer_val<59)
                begin
    timer_val<= timer_val +7'h0000001;
    carry_r<= 1'b0;
                end
            else
                begin
    timer_val<= 7'h0000000;
    carry_r <= 1'b1;
                end
        assign sec_val = timer_val;
        assign carry_out = carry_r;
    endmodule
```

5.5.2 系统测试

系统测试工作包含两个步骤，分别是测试用例设计和测试实施。

1. 测试用例设计

数字时钟系统包括秒、分、时、日、月和年多个变量，如果采用穷尽法设计测试用例，将需要进行无穷多次测试，使测试工作无法完成。因此，针对这一案例应采用等价类方法设计测试用例，该方法可将无穷多种可能性划分为有限多个，进而通过有限多个测试用例验证系统功能的正确性。

根据等价类划分的一般原则“在输入条件规定了取值范围或值的个数的情况下，可以确立一个有效等价类和两个无效等价类”，second（秒）、minute（分）、hour（时）、day（日）、month（月）和 year（年）分别可以确立一个有效等价类和两个无效等价类。

因此，将各变量进行如下等价类划分。

- second 等价类：S1={秒：0≤秒≤59}；S2={秒：秒<0}；S3={秒：秒>59}。
- minute 等价类：Min1={分：0≤分≤59}；Min2={分：分<0}；Min3={分：分>59}。
- hour 等价类：H1={时：0≤时≤23}；H2={时：时<0}；H3={时：时>23}。
- day 等价类：D1={日期：1≤日期≤31}；D2={日期：日期<1}；D3={日期：日期>31}。
- month 等价类：M1={月份：1≤月份≤12}；M2={月份：月份<1}；M3={月份：月份>12}。
- year 等价类：Y1={年：1920≤年≤2050}；Y2={年：年<1920}；Y3={年：年>2050}。

在纪年法中，由于大月小月和闰年平年等问题，使数字时钟系统的 day、month 的 year 之间有较强的耦合性，因此，将系统输出动作划分为以下 12 种情况。

R1: second=second+1；

R2: second=0，minute=minute+1；

R3: second=0，minute =0，hour=hour+1；

R4: day=day+1；

R5: day=1，month=month+1；

R6: day=1，month=1，year=year+1；

R7: second 越界；

R8: minute 越界；

R9: hour 越界；

R10: day 越界；

R11: month 越界；

R12: year 越界。

根据系统上 12 种情况，将等价类进一步划分，见表 5-1。

表 5-1 等价类划分表

输入条件	有效等价类	无效等价类
second	S1{0,…,59}	S2{second<0} S3{second>59}
minute	Min1{0,…,59}	Min2{minute<0} Min3{minute>59}
hour	H1{0,…,23}	H2{hour<0} H3{hour>23}
day	D1{1,…,28} D2{29} D3{30} D4{31}	D5{day<1} D6{day>31}
month	M1{1,3,5,7,8,10,12} M2{2} M3{4,6,9,11}	M4{month<1} M5{month>12}
year	Y1{平年,1920≤year≤2050} Y2{闰年,1920≤year≤2050}	Y3{year<1920} Y4{year>2050}

在表 5-1 中，对 day、month 和 year 3 个等价类进行了进一步划分，进一步划分的依据就是考虑纪年法的大月小月和平年闰年。

根据表 5-1 的等价类划分，得到表 5-2 和表 5-3 所示的测试用例。其中，表 5-2 的测试用例主要用于测试秒、分和时功能。表 5-3 的测试用例主要用于测试日、月和年功能。

表 5-2 秒分时测试用例表

测试用例	秒（second）	分（minute）	时（hour）	预期输出	覆盖的等价类
Text1	23	16	2	2:16:24	S1,Min1,H1 R1
Text2	59	22	2	2:23:00	S1,Min1,H1 R2
Text3	59	59	4	5:00:00	S1,Min1,H2 R3
Text4	−1	19	2	second 越界	S2,Min1,H1 R7
Text5	60	23	2	second 越界	S3,Min1,H1 R7
Text6	19	−1	2	minute 越界	S1,Min2,H1 R8
Text7	27	60	2	minute 越界	S1,Min3,H1 R8
Text8	38	33	1	hour 越界	S1,Min1,H2 R9
Text9	57	16	24	hour 越界	S1,Min1,H3 R9

表 5-3　日、月、年测试用例表

测试用例	日（day）	月（month）	年（year）	预期输出	覆盖的等价类
Text10	15	6	1999	1999/6/16	D1,M3,Y1　R4
Text11	28	2	1999	1999/3/1	D1,M2,Y1　R5
Text12	28	2	2000	2000/2/29	D1,M2,Y2　R4
Text13	29	2	2000	2000/3/1	D2,M2,Y2　R5
Text14	31	3	2006	2006/4/1	D4,M1,Y1　R5
Text15	30	4	2010	2010/5/1	D3,M3,Y1　R5
Text16	31	12	2011	2012/1/1	D4,M1,Y2　R6
Text17	1	6	2001	day 越界	D5,M3,Y1　R10
Text18	32	6	2001	day 越界	D6,M3,Y1　R10
Text19	2	0	2001	month 越界	D1,M4,Y1　R11
Text20	2	13	2001	month 越界	D1,M5,Y1　R11
Text21	20	6	1919	year 越界	D1,M3,Y3　R12
Text22	20	6	2051	year 越界	D1,M3,Y4　R12

在表 5-2 中，Text1、Text2 和 Text3 主要用于测试系统秒分时进位功能，测试用例设计方法主要是在 S1、Min1 和 H1 集合中，选取能够触发系统 R1、R2 和 R3 动作的任意值。Text4、Text5、Text6、Text7、Text8、Text9 是系统 6 个无效等价类测试用例，用于测试系统输入值非法值的响应情况。测试用例设计方法是在集合 S2、S3、Min2、Min3、H2 和 H3 中选取任意值。

在表 5-3 中，测试用例 Text10 至 Text16 用于测试系统日、月、年的计时功能。其中，测试用例 Text10 和测试用例 Text12 用于测试 R4 类情况系统输出，即 day+1 输出；测试用例 Text11 和测试用例 Text13 用于测试平年和闰年条件下，二月的 R5 类情况系统输出，即 month+1；测试用例 Text14 和测试用例 Text15 用于测试无关平闰年条件下，大月和小月的 R5 类情况系统输出，即 month+1；测试用例 Text16 用于测试无关平闰年条件下，R6 类情况系统输出，即 year+1。

在表 5-3 中，测试用例 Text17 至 Text22 是对应无效等价类的测试用例。测试用例设计方法是分别选取 D5、D6、M4、M5、Y3 和 Y4 集合中任意一个元素，使 day、month 和 year 3 个变量分别上越界和下越界，其余变量在有效等价类集合中任选。

2．测试实施

Verilog 功能模块 HDL 设计完成后，并不代表设计工作的结束，还需要对设计进行进一步的仿真验证。掌握验证的方法，即如何调试自己的程序非常重要。在 RTL 逻辑设计中，要学会根据硬件逻辑来写测试程序即写 TESTBENCH。Verilog 测试平台是一个例化的待测（MUT）模块，重要的是给它施加激励并观测其输出。逻辑块与其对应的测试平台共同组成仿真模型，应用这个模型就可以测试该模块能否符合自己的设计要求。

编写 TESTBENCH 的目的就是为了测试使用 HDL 设计的电路，其功能、性能与预期是否相符。通常，编写 TESTBENCH 的过程如下。

- 产生模拟激励（波形）。
- 将产生的激励加入到被测试模块中并观察其响应。
- 将输出响应与期望值比较。

根据以上方法和本文数字时钟系统的具体情况，编写的 TESTBENCH 测试程序如下。

```
module digital_timer_tb();
reg clk_r;
reg reset_r;
wire [11:0] year_val_out;
wire [3:0]   month_val_out;
wire [5:0]   day_val_out;
wire [6:0]   hour_val_out;
wire [6:0]   min_val_out;
wire [6:0]   sec_val_out;
reg set_init_r;
reg [11:0] year_val_in;
reg [3:0]   month_val_in;
reg [5:0]   day_val_in;
reg [6:0]   hour_val_in;
reg [6:0]   min_val_in;
reg [6:0]   sec_val_in;
digital_timerDUT(
.clk_in          (clk_r),
.reset_in          (reset_r),
.set_init_in       (set_init_r),
.year_val_in       (year_val_in),
.month_val_in      (month_val_in),
.day_val_in        (day_val_in),
.hour_val_in       (hour_val_in),
.min_val_in        (min_val_in),
.sec_val_in     (sec_val_in),
.year_val_out      (year_val_out),
.month_val_out     (month_val_out),
.day_val_out       (day_val_out),
.hour_val_out      (hour_val_out),
.min_val_out       (min_val_out),
.sec_val_out      (sec_val_out)
);
// Generate the 100.0MHz    Clock
initial
begin
    clk_r <= 1'b0;
    forever
    begin
        clk_r <= 1'b0;
            #50;
```

```
                clk_r <= 1'b1;
                    #50;
            end
    end
    initial
    begin
        reset_r <= 1;
        set_init_r <= 1;
        #200;
        reset_r <= 0;
        set_init_r <= 1;
        #200;
        set_init_r <= 1;
        #200;
        year_val_in <= 12'd1999;        ①
        month_val_in <= 4'd6;           ②
        day_val_in <= 6'd6;             ③
        hour_val_in <= 7'd15;           ④
        min_val_in <= 7'd59;            ⑤
        sec_val_in <= 7'd59;            ⑥
        #200;
        set_init_r <= 0;
        #200;
        year_val_in <= 12'd0;
        month_val_in <= 4'd0;
        day_val_in <= 6'd0;
        hour_val_in <= 7'd0;
        min_val_in <= 7'd0;
        sec_val_in <= 7'd0;
    end
```

在 TESTBENCH 测试程序中，标号①、②、③、④、⑤和⑥为测试用例的输入位置。其中，标号①对应变量 year，标号②对应变量 month，标号③对应变量 day，标号④对应变量 hour，标号⑤对应变量 minute，标号⑥对应变量 second。

以测试用例 Text10 为例，将 1999 赋值给 year_val_in，将 6 赋值给 month_val_in，将 15 赋值给 day_val_in，将 23 赋值给 hour_val_in，将 59 赋值给 min_val_in，将 59 赋值给 sec_val_in。这里秒、分、时分别赋值 59、59 和 23，是为了产生 day+1 结果。具体结果如图 5-8 所示。

在图 5-8 中，测试用例{1999,6,15,23,59,59}在端口输入，set_init_r 变为低电平后，测试用例被输入系统，在系统时间输出端口 year_val_out、month_val_out、day_val_out、hour_val_out、min_val_out、sec_val_out 依次出现 1999、6、16、0、0 和 0，该结果与表 5-3 中 Text10 的预期输出{1999/6/16}一致，证明该测试用例通过。在日、月、年测试用例中，主要测试 year、month、day 的系统功能，无须关注 second、minute 和 hour 的具体值。

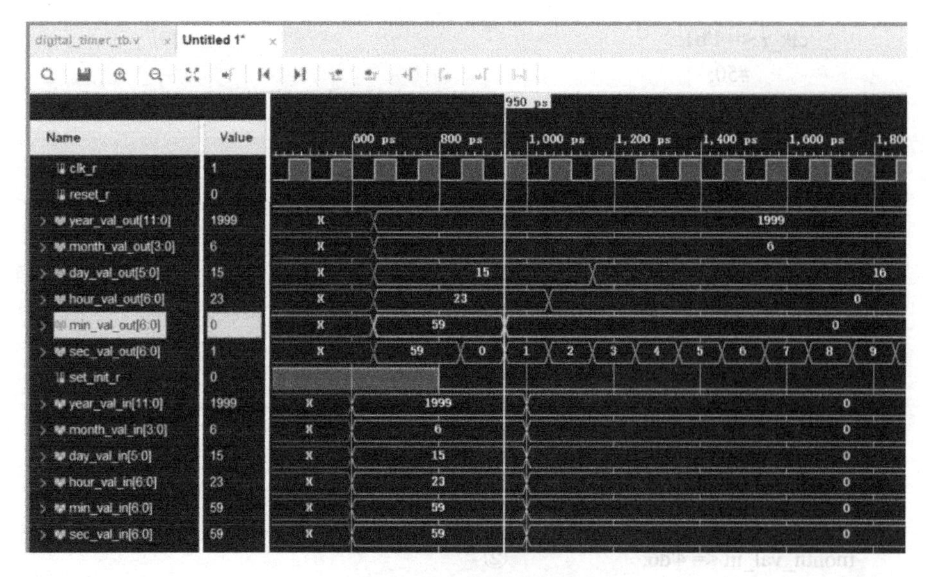

图 5-8 测试结果示意图

习题

1．根据测试环境不同，嵌入式应用测试如何分类？

2．由于嵌入式系统的软硬件功能界限模糊，嵌入式测试的特点有哪些？

3．除了遵循普通软件测试原则之外，嵌入式应用测试还需要遵循哪些测试原则？

4．嵌入式应用测试流程是如何进行的？在这个流程中主要包括哪些活动？

5．嵌入式应用测试的方法有哪几种？试进行简要介绍。

6．如果所有测试都放在目标平台或者主机平台上进行，分别会有哪些不利的因素？

7．为提高嵌入式应用测试的水平和效率，可以采用的交叉测试策略有哪些？

8．简要介绍 FPGA 测试的常用基本方法。

9．FPGA 仿真测试的内容有哪些？试对各项内容进行详细说明。

10．请自行设计一个嵌入式设计案例。

第 6 章　Web 应用测试

本章内容

Web 测试是软件测试的一部分，是针对 Web 应用的一类测试。由于 Web 应用与用户直接相关，又通常需要承受长时间的大量操作，因此 Web 项目的功能和性能都必须经过可靠的验证。通过测试可以尽可能多地发现浏览器端和服务器端程序中的错误并及时加以修正，以保证应用的质量。由于 Web 具有分布、异构、并发和平台无关的特性，因而它的测试要比普通程序复杂得多。

本章要点

- 了解 Web 应用测试基本概念，重点掌握 Web 应用测试的分类、特点、思路和方法相关知识。
- 熟悉 Web 应用测试的常用工具，了解各类工具的特点。
- 了解 QTP 的安装与使用，重点掌握 QTP 的架构、工作环境、测试过程。
- 熟悉基于 QTP 的网站测试案例并理解 QTP 对性能和功能的测试。

6.1　Web 应用测试概述

基于 Web 应用的复杂性，对其测试与分析的内容也需更加细致、全面。从其特点与要求出发，对 Web 应用软件的测试内容主要包括功能、性能、安全性、可用性、兼容性、接口。其中涉及界面、覆盖性、配置、链接、表单、Cookie、设计语言、数据库、回归、任务与业务逻辑、响应速度、负载能力、压力恢复能力等多方面的测试内容。

6.1.1　Web 应用测试的分类

Web 应用测试包括界面测试、功能测试、性能测试、客户端兼容性测试、安全性测试 5 个部分。界面测试包括对整体界面、图形、内容的测试。功能测试包括对链接、表单、Cookies、数据库、导航的测试。性能测试包括对连接速度、负载、压力的测试。客户端兼容性测试包括对平台、浏览器的测试。

6.1.2　Web 应用测试的特点

Web 应用软件一般采用客户机/服务器/数据服务器的应用架构，在这种架构下，客户机用于人机交互与应用的表示，Web 服务器用于事务处理，数据服务器用于应用数据的存取和管理，通常是分布式、并发、多用户和异构的。

由于系统结构的不同，基于 Web 的软件测试与传统的软件测试也有较大区别，对软件测试提出了新挑战。主要表现在以下两个方面。

- 网络和 Web 应用软件的复杂性及不可预见性是 Web 应用软件测试面临的最大困难，所以需要大量测试人员；另外，Web 应用不断变化，自身又依赖各种技术，这些都增加了 Web 应用测试的困难。
- 由于分布式、开放式、并发、多用户和异构性，Web 应用测试需要兼容性测试、压力测试及多元化的功能测试对象，测试时还要满足不同的计算机对编程环境的要求，实时性的要求较高使得传统的测试技术无法胜任。

6.1.3 Web 应用测试的思路

基于 Web 的测试基本上采用两种思路和方法。一种方法可以称为“Browsers 测试”（浏览器端测试）。这种测试通常是模拟浏览器端的一些操作，例如，在 TextBox 中输入一些文本，选择 ComboBox 中的某个选项。因为可以得到具体的操作界面，这种方法更多地应用到 UI 和 Localization 方面的测试。在进行 OWA 的 46 种语言的 Localization 方面测试时，对各种操作产生出来的界面进行抓图，然后对这些 Screenshot 进行分析，以发现一些 UI 和 Localization 方面的问题。

另一种方法称为“Protocol 测试”（协议测试）。这种方法是建立在 HTTP 协议级的测试，通过 POST 或 Web Service 向服务器发送请求，然后对服务器响应回来的数据进行解析、验证。对一些功能测试，会更多地采用这种方法。最简单的应用就是检查链接的有效性，向服务器发送 URL 请求，检查响应回来的数据，来判断链接是否指向正确的页面。

6.1.4 Web 应用测试的方法

Web 应用测试的方法包括功能测试、性能测试、用户界面测试、兼容性测试、安全性测试、接口测试等。

1. 功能测试

（1）链接测试

链接是 Web 应用系统的一个主要特征，它是在页面之间切换和指导用户访问其他页面的主要手段。链接测试可分为 3 个方面。首先，测试所有链接是否按指示的那样确实链接到了该链接的页面；其次，测试所链接的页面是否存在；最后，保证 Web 应用系统上没有孤立的页面，所谓孤立页面是指没有链接指向该页面，只有知道正确的 URL 地址才能访问。

（2）表单测试

当用户通过表单提交信息的时候，都希望表单能正常工作。如果使用表单来进行在线注册，要确保提交按钮能正常工作，当注册完成后应返回注册成功的消息。如果使用表单收集配送信息，应确保程序能够正确处理这些数据，最后能让顾客收到包裹。要测试这些程序，需要验证服务器能正确保存这些数据，而且后台运行的程序能正确解释和使用这些信息。当用户使用表单进行用户注册、登录、信息提交等操作时，我们必须测试提交操作的完整性，以校验提交给服务器的信息的正确性。例如，用户填写的出生日期与年龄是否恰当，填写的所属省份与所在城市是否匹配等。如果使用了默认值，还要检验默认值的正确性。如果表单只能接受指定的某些值，则也要进行测试。例如，只能接受某些字符，测试时可以跳过这些字符，看系统是否会报错。

(3) 数据校验

如果是根据业务规则需要对用户输入进行校验，需要保证这些校验功能正常工作。例如，省份的字段可以用一个有效列表进行校验。在这种情况下，需要验证列表完整而且程序正确调用了该列表（例如，在列表中添加一个测试值，确定系统能够接受这个测试值）。在测试表单时，该项测试和表单测试可能会有一些重复。

(4) Cookie 测试

Cookie 通常用来存储用户信息和用户在某应用系统的操作，当一个用户使用 Cookie 访问了某一个应用系统时，Web 服务器将发送关于用户的信息，把该信息以 Cookie 的形式存储在客户端计算机上，这可用来创建动态和自定义页面或者存储登录等信息。如果 Web 应用系统使用了 Cookie，就必须检查 Cookie 是否能正常工作。测试的内容可包括 Cookie 是否起作用，是否按预定的时间进行保存，刷新对 Cookie 有什么影响等。如果在 Cookie 中保存了注册信息，请确认该 Cookie 能够正常工作而且已对这些信息加密。如果使用 Cookie 来统计次数，需要验证次数累计正确。

(5) 数据库测试

在 Web 应用技术中，数据库起着重要的作用，数据库为 Web 应用系统的管理、运行、查询和实现用户对数据存储的请求等提供存储空间。在 Web 应用中，最常用的数据库类型是关系型数据库，可以使用 SQL 对数据进行处理。在使用了数据库的 Web 应用系统中，在一般情况下，可能发生两种错误，分别是数据一致性错误和输出错误。数据一致性错误主要是由于用户提交的表单信息不正确而造成的，而输出错误主要是由于网络速度或程序设计问题等引起的，针对这两种情况，可分别进行测试。

(6) 应用程序特定的功能需求

测试人员需要对应用程序特定的功能需求进行验证。尝试用户可能进行的所有操作，如新增、修改、删除、查询等。

2. 性能测试

(1) 连接速度测试

用户连接到 Web 应用系统的速度根据上网方式的变化而变化，当下载一个程序时，用户可以等较长的时间，但如果仅仅访问一个页面就不会这样了。如果 Web 系统响应时间太长（如超过 5 秒钟），用户就会因没有耐心等待而离开。

另外，有些页面有超时的限制，如果响应速度太慢，用户可能还没来得及浏览内容，就需要重新登录了。而且，连接速度太慢，还可能引起数据丢失，使用户得不到真实的页面。

(2) 负载压力测试

这里的负载压力测试和功能测试中的不同，它是系统测试的一部分，是基本功能已经通过后进行的，可以在集成测试阶段，亦可以在系统测试阶段进行。使用负载测试工具进行，虚拟一定数量的用户看一下系统的表现，是否满足定义中的指标。负载测试一般使用工具完成，如 loadrunner、webload、was、ewl、e-test 等，主要的方法都是编写出测试脚本，脚本中一般包括用户一般常用的功能，然后运行脚本，得出报告。负载压力测试在各种极限情况下对产品进行测试（如很多人同时使用该软件，或者反复运行该软件），以检查产品的长期稳定性。例如，使用压力测试工具对 Web 服务器进行压力测试，可以帮助找到一些大的问题，如死机、崩溃、内存泄漏等，因为有些存在内存泄漏问题的程序，在运行一两次时可能不会出现问题，但是如果运行了成千上万次，内存泄漏得越来越多，就会导致系统崩溃。

3．用户界面测试

（1）导航测试

导航描述了用户在一个页面内操作的方式，在不同的用户接口控制之间，如按钮、对话框、列表和窗口等；或在不同的链接页面之间。在一个页面上放太多的信息往往起到与预期相反的效果。Web 应用系统的用户趋向于目的驱动，会快速浏览一个 Web 应用系统，看是否有满足自己需要的信息，如果没有，就会很快地离开。很少有用户愿意花时间去熟悉 Web 应用系统的结构，因此，Web 应用系统的导航要尽可能地准确。导航的另一个重要方面是 Web 应用系统的页面结构、导航、菜单、链接的风格是否一致，确保用户能快速了解 Web 应用系统中是否还有内容以及内容的位置。Web 应用系统的层次一旦决定，就要着手测试用户导航功能，让最终用户参与这项测试效果将更加明显。

（2）图形测试

在 Web 应用系统中，适当的图片和动画既能起到广告宣传的作用，又能起到美化页面的功能。一个 Web 应用系统的图形可以包括图片、动画、边框颜色、字体、背景、按钮等。

图形测试的内容主要如下。

- 确保图形有明确的用途，图片或动画必须排列有序以节约传输时间。Web 应用系统的图片尺寸要尽量小，并且能清楚地说明某件事情，一般都链接到某个具体的页面。
- 验证所有页面字体的风格是否一致。
- 背景颜色应该与字体颜色和前景颜色相搭配。
- 图片的大小和质量也是一个很重要的因素，一般采用 JPG 或 GIF 压缩，最好能使图片的大小减小到 30 KB 以下。
- 需要验证的是文字回绕是否正确。如果说明文字指向右边的图片，应该确保该图片出现在右边。不要因为使用图片而使窗口和段落排列古怪或者出现孤行。

（3）内容测试

内容测试用来检验 Web 应用系统提供信息的正确性、准确性和相关性。信息的正确性是指信息是可靠的还是误传的。信息的准确性是指是否有语法或拼写错误，这种测试通常使用一些文字处理软件来进行。信息的相关性是指是否在当前页面可以找到与当前浏览信息相关的信息列表或入口，也就是一般 Web 站点中的所谓“相关文章列表”。

（4）整体界面测试

整体界面是指整个 Web 应用系统的页面结构设计，是给用户的一个整体感。对整体界面的测试过程，其实是一个对最终用户进行调查的过程。一般 Web 应用系统采取在主页上以一个调查问卷的形式，来得到最终用户的反馈信息。对所有的用户界面测试来说，都需要有外部人员的参与，最好是让最终用户参与。

4．兼容性测试

（1）平台测试

有很多种不同的操作系统，最常见的有 Windows、UNIX、Macintosh、Linux 等。Web

应用系统的最终用户究竟使用哪一种操作系统，取决于用户系统的配置。这样，就可能会发生兼容性问题，同一个应用可能在某些操作系统下能正常运行，但在另外的操作系统下可能会运行失败。因此，在 Web 应用系统发布之前，需要在各种操作系统下对 Web 应用系统进行兼容性测试。

（2）浏览器测试

浏览器是 Web 客户端最核心的构件，来自不同厂商的浏览器对 Java、JavaScript、ActiveX、plug-ins 或不同的 HTML 规格有不同的支持。另外，框架和层次结构风格在不同的浏览器中也有不同的显示，甚至根本不显示。不同的浏览器对安全性和 Java 的设置也不一样。测试浏览器兼容性的一个方法是创建一个兼容性矩阵。在这个矩阵中，测试不同厂商、不同版本的浏览器对某些构件和设置的适应性。

（3）分辨率测试

测试页面版式在 640×400、600×800 或 1024×768 的分辨率模式下是否显示正常？字体是否太小以至于无法浏览？或者是太大？文本和图片是否对齐？

5. 安全性测试

安全性测试主要是测试系统在没有授权的情况下，内部或者外部用户对系统进行攻击或者恶意破坏时如何进行处理，是否仍能保证数据的安全。测试人员可以学习一些黑客技术，来对系统进行攻击。

有些站点需要用户进行登录，以验证他们的身份。这样对用户是方便的，他们不需要每次都输入个人资料。需要验证系统阻止非法的用户名、口令登录，而能够通过有效登录。用户登录是否有次数限制？是否限制从某些 IP 地址登录？如果允许登录失败的次数为 3，在第 3 次登录的时候输入正确的用户名和口令，能通过验证吗？口令选择有规则限制吗？是否可以不登录而直接浏览某个页面？Web 应用系统是否有超时的限制？也就是说，用户登录后在一定时间内（如 15 分钟）没有点击任何页面，是否需要重新登录才能正常使用？

6. 接口测试

数据一般通过接口输入和输出，所以接口测试是白盒测试的第一步。每个接口可能有多个输入参数，每个参数有“典型值”“边界值”“异常值”之分，所以输入的组合数可能并不少。根据接口的定义可以推断某种输入应当产生什么样的输出。输出包括函数的返回值和输出参数。如果实际输出与期望的输出不一致，那么说明程序有错误。

服务器接口。第一个需要测试的接口是浏览器与服务器的接口。测试人员提交事务，然后查看服务器记录，并验证在浏览器上看到的正好是服务器上发生的。测试人员还可以查询数据库，确认事务数据已正确保存。

外部接口。有些 Web 系统有外部接口。例如，网上商店可能要实时验证信用卡数据以减少欺诈行为的发生。在测试的时候，要使用 Web 接口发送一些事务数据，分别对有效信用卡、无效信用卡和被盗信用卡进行验证。

错误处理。最容易被测试人员忽略的地方是接口错误处理。通常我们试图确认系统能够处理所有错误，但却无法预期系统所有可能的错误。尝试在处理过程中中断事务，看一下会发生什么情况？订单是否完成？尝试中断用户到服务器的网络连接。尝试中断 Web 服务器到信用卡验证服务器的连接。在这些情况下，系统能否正确处理这些错误？是否已对信用卡进行收费？如果用户自己中断事务处理，在订单已保存而用户没有返回网站确认的时候，需要由客户代表致电用户进行订单确认。

7. 测试点

（1）文本框的测试

文本框的测试方法可概括为以下几点。

- 输入正常的字母或数字。
- 输入已存在的文件的名称。
- 输入超长字符。例如，在“名称”框中输入超过允许边界个数的字符，假设最多 255 个字符，尝试输入 256 个字符，检查程序能否正确处理。
- 输入默认值、空白、空格。
- 若只允许输入字母，尝试输入数字；反之，尝试输入字母。
- 利用复制、粘贴等操作强制输入程序不允许的输入数据。
- 输入特殊字符集，如 NULL 及\n 等。
- 输入超过文本框长度的字符或文本，检查所输入的内容是否正常显示。
- 输入不符合格式的数据，检查程序是否正常校验，如程序要求输入年月日格式为 yy/mm/dd，实际输入 yyyy/mm/dd，程序应该给出错误提示。

（2）命令按钮测试

命令按钮的测试方法可概括为以下 3 点。首先，单击按钮正确响应操作，如单击确定，正确执行操作；单击取消，退出窗口。其次，对非法的输入或操作给出足够的提示说明，如输入月工作天数为 32 时，单击“确定”按钮后系统应提示：天数不能大于 31。最后，对可能造成数据无法恢复的操作必须给出确认信息，给用户放弃选择的机会。

（3）单选按钮的测试

单选按钮的测试方法可概括为以下 3 点。首先，一组单选按钮不能同时选中，只能选中一个。其次，逐一执行每个单选按钮的功能，分别选择了“男”“女”后，保存到数据库的数据应该相应地分别为“男”“女”。最后，一组执行同一功能的单选按钮在初始状态时必须有一个被默认选中，不能同时为空。

组合列表框的测试。组合列表框的测试方法可概括为以下 3 点。首先，条目内容正确，其详细条目内容可以根据需求说明确定。其次，逐一执行列表框中每个条目的功能。最后，检查能否向组合列表框输入数据。

复选框的测试。复选框的测试方法可概括为以下 4 点。第一点，多个复选框可以被同时选中。第二点，多个复选框可以被部分选中。第三点，多个复选框可以都不被选中。第四点，逐一执行每个复选框的功能。

列表框控件的测试。列表框控件的测试方法可概括为以下 3 点。首先，条目内容正确；同组合列表框类似，根据需求说明书确定列表的各项内容正确，没有丢失或错误。其次，列表框的内容较多时要使用滚动条。最后，列表框允许多选时，要分别检查，按〈Shift〉键选中条目，按〈Ctrl〉键选中条目和直接用鼠标选中多项条目的情况。

滚动条控件的测试。滚动条控件的测试方法可概括为以下 5 点。第一点，滚动条的长度根据显示信息的长度或宽度及时变换，这样有利于用户了解显示信息的位置和百分比，如 Word 中浏览 100 页文档，浏览到 50 页时，滚动条位置应处于中间。第二点，拖动滚动条，检查屏幕刷新情况，并查看是否有乱码。第三点，单击滚动条。第四点，用滚轮控制滚动条。第五点，单击滚动条的上下按钮。

各种控件在窗体中混合使用时的测试。这种情况下的测试可概括为以下 4 点。第一点，控件间的相互作用。第二点，〈Tab〉键的顺序，一般是从上到下，从左到右。第三点，热键的使用，逐一测试。第四点，〈Enter〉键和〈Esc〉键的使用。

6.2　Web 应用测试的常用工具

单纯的手工测试已不能满足如今的项目需求，各种测试工具的应用早已成为普遍趋势。本节将针对 Web 应用测试列举一些常用的测试工具，并简单介绍。

6.2.1　Selenium

Selenium 是 ThoughtWorks 公司编写的一个开源的 Web 自动化测试工具，得到广泛使用。它可以跨多个操作系统，如 Windows、Mac 和 Linux 进行测试，且适用于 Firefox、Chrome、IE 等各类浏览器；可以直接运行在浏览器中（WebDriver），就像真正的用户在操作一样，进行一系列的系统功能测试。Selenium 的强大之处在于提供了诸多语言的开源框架，如 C#、Java、Python、Ruby、PHP、Perl 和 JavaScript 等，能够创建更复杂、更先进的自动化脚本。Selenium 通过其浏览器插件 Selenium IDE 提供记录和回放功能。

6.2.2　LoadRunner

LoadRunner 是一种预测系统行为和性能的负载测试工具。通过模拟上千万用户实施并发负载及实时性能监测的方式来确认和查找问题，LoadRunner 能够对整个企业架构进行测试。企业使用 LoadRunner 能最大限度地缩短测试时间，优化性能和加速应用系统的发布周期。LoadRunner 可适用于各种体系架构的自动负载测试，能预测系统行为并评估系统性能。

6.2.3　JUnit

JUnit 是一个开放源代码的 Java 单元测试框架，用于编写和运行可重复的测试。它由 Kent Beck 和 Erich Gamma 建立，逐渐成为源于 Kent Beck 的 sUnit 的 xUnit 家族中最为成功的一个。JUnit 有它自己的 JUnit 扩展生态圈。JUnit 测试是程序员测试，即所谓白盒测试。

JUnit4 是 JUnit 的常用版本，是 JUnit 框架有史以来的最大改变，其主要目标便是利用 Java5 的 Annotation 特性简化测试用例的编写。Annotation，一般翻译为注解或是元数据。元数据就是描述数据的数据。即这些数据在 Java 里面可以用来和 public、static 等关键字一样修饰类名、方法名、变量名。注解的运用可以大量减少测试代码的冗余。

JUnit 包括以下特性。

- 用于测试期望结果的断言（Assertion）。
- 用于共享同一测试数据的测试工具。
- 用于方便地组织和运行测试的测试套件。
- 图形和文本的测试运行器。

6.2.4 JMeter

JMeter 是 Apache 组织开发的基于 Java 的压力测试工具，主要用于 Web 和 Web 服务应用程序。JMeter 是一个开源工具，它最初被设计用于 Web 应用测试，后来扩展到其他测试领域。JMeter 可以用于对服务器、网络或对象模拟巨大的负载，在不同压力类别下测试它们的强度并分析整体性能。

JMeter 的优点可概括为：高度可移植，支持所有基于 Java 的应用程序；脚本编写工作量少，简单的图表足以分析与密钥负载相关的统计信息和资源使用情况；支持用于监控的集成实时 Tomcat 收集器。其缺点可概括为：无法记录 HTTPS 通信，无法拦截 AJAX 流量，无法监控任何与 Application Server 相关的统计信息，报告框架的功能非常有限。

6.2.5 QTP

QTP 是 Quick Test Professional 的简称，是一种自动化软件测试工具。在软件的测试过程中，QTP 主要用来通过已有的测试脚本执行重复的手动测试，用于功能测试和回归测试。使用 QTP 要求测试人员在测试前考虑好应用程序测试的内容、步骤、输入数据和期望的输出数据等。

6.3 QTP 的安装及应用

自动化测试相比人工测试具有突出的优点。人工测试非常浪费时间而且容易出错。使用人工测试的结果，往往是在应用程序交付前，无法对应用程序的所有功能都做完整的测试。QTP 可以加速整个测试的过程，可以重复使用测试脚本进行测试。本节主要讲述 QTP 的安装及应用。

6.3.1 QTP 的架构

QTP 提供了一个很便捷的框架结构，使得 QTP 使用者能够很容易地编辑以及调试脚本。QTP 的架构主要由以下几个部分组成。

1．QTP 主程序区域

负责控制整个测试过程，包括测试脚本的录制、编辑、运行和结果分析等。

2．测试对象库

存储被测试应用程序的对象信息，包括对象的属性和方法，以便 QTP 能够识别和操作这些对象。

3．QTP 自动化引擎

负责执行测试脚本，与被测试应用程序进行交互，并通过对象库识别和操作被测试对象。

4．数据表

用于存储测试数据，可以在脚本中引用和操作。

5．结果分析器

用于分析和报告测试结果，包括测试通过率、失败原因等。

6.3.2　QTP 的工作过程

1．准备测试用例（Test Case）

在进行自动化测试之前，将测试内容进行文档化，即准备测试用例。不建议直接录制脚本。这样做的意义在于：在录制脚本之前设计好脚本，便于录制过程的流畅；由于测试用例设计和脚本开发可能不是同一个人完成，准备测试用例便于团队合作；便于后期的维护。

2．配置 QTP

QTP 支持不同的开发环境，在正式录制之前，需要根据被测程序的开发环境，选择合适的 Add-In，即扩展程序，并进行加载。

3．录制脚本

启动 QTP 的录制功能，按照测试用例的操作步骤描述执行，QTP 自动记录每一步操作，并自动生成 VB Script 脚本。

4．修改增强脚本

刚刚录制好的脚本可能包含错误，或者没有达到预期的目的，这就需要在录制脚本的基础上，进行修改增强。以下为修改增强脚本的简单操作。

1）删除录制过程中多余的以及错误的操作，以最少的脚本完成任务。

2）如果前面操作的输出是后面操作的输入，则需要使用变量或者输出值来进行替换。

3）不是所有的操作都可以通过录制产生的，有些需要通过手工编码实现这些功能。

4）录制产生的脚本是线性的，可以加入条件、循环控制语句，实现更复杂的流程。

5）对脚本进行结构化。

6）加入注释，便于阅读和维护。

5．调试脚本

回放修改后通过的脚本也不一定是正确的，也可能会包含错误。在测试脚本正式使用之前，要通过调试保证其本身的正确性。避免测试脚本故障和被测程序故障搅在一起，不容易定位。

6．回放脚本

对于回放的错误，不要急于马上提交 Bug，首先要判断是脚本本身的错误还是程序的错误，确认后再提交。

7．脚本维护

随着工作的不断推进，脚本量会越来越多，被测试程序的不断更新，也需要更新相应的测试脚本，采用版本管理工具保存脚本，如 CVS、VSS，可以随时获取历史版本。采用统一的脚本架构、统一的命名规范，添加充分的注释，避免时间久了，测试人员自己都不能马上读懂脚本。

6.3.3　QTP 的环境搭建

QTP 环境搭建过程如下。

1）双击打开安装程序，如图 6-1 所示。

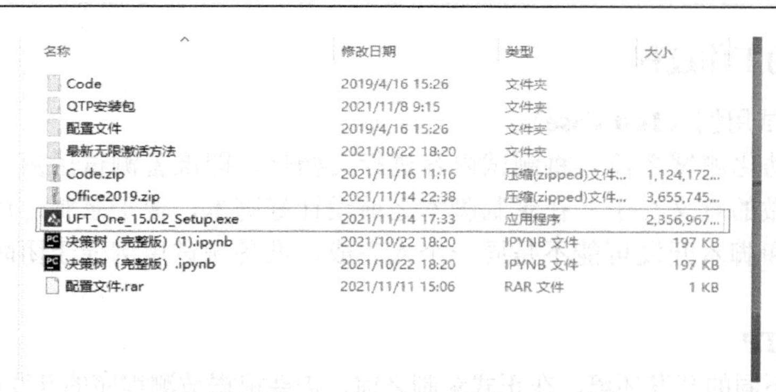

图 6-1　打开安装程序

2）如需修改临时文件目录可在该界面中更改，之后单击 Next 按钮，如图 6-2 所示。

3）显示安装进度，等待安装，如图 6-3 所示。

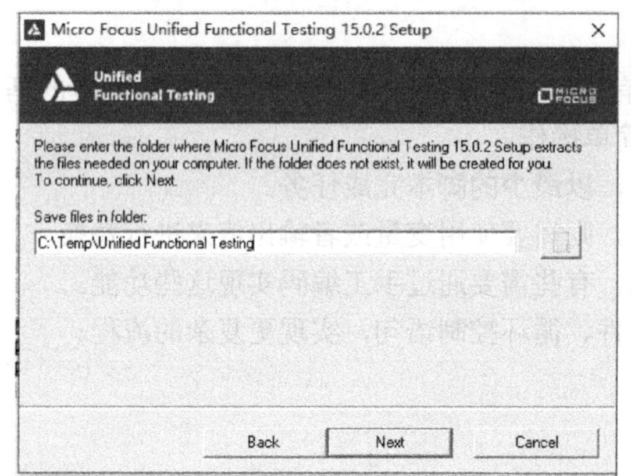

图 6-2　设立临时保存文件目录

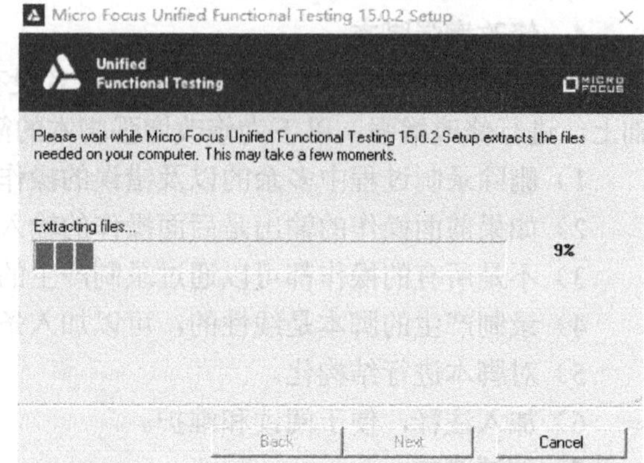

图 6-3　安装进度

4）安装程序，单击“确定”按钮，如图 6-4 所示。

5）进入安装向导界面，单击“下一步”按钮，如图 6-5 所示。

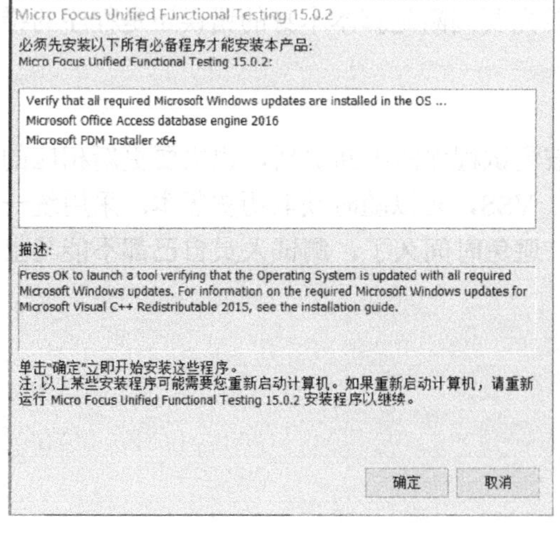

图 6-4　安装程序

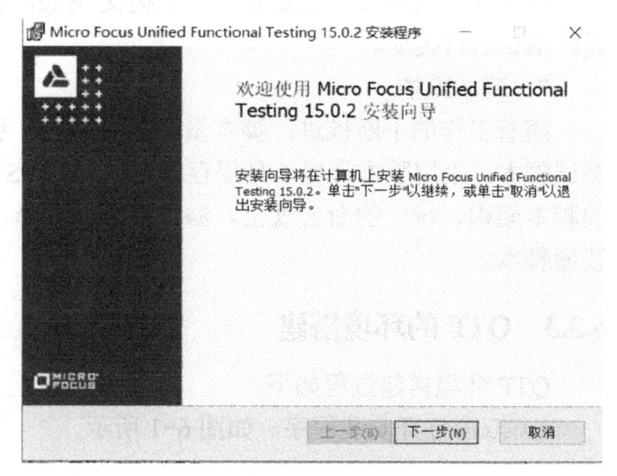

图 6-5　安装向导界面

6）勾选“我接受许可协议中的条款”，如图 6-6 所示。

7）单击“下一步”按钮，跳转到图 6-7 所示的界面进行自定义安装。

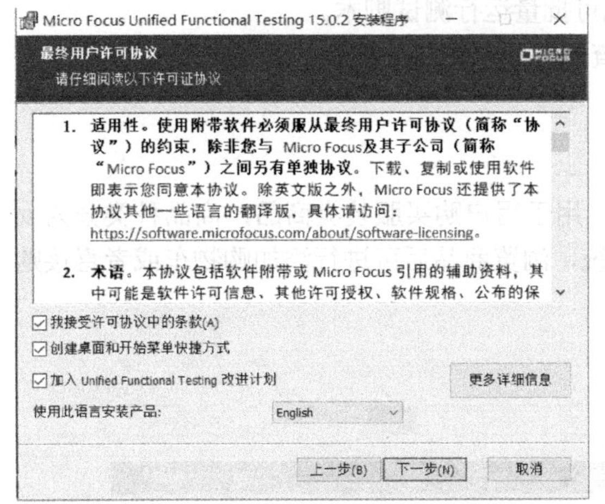

图 6-6　勾选接受

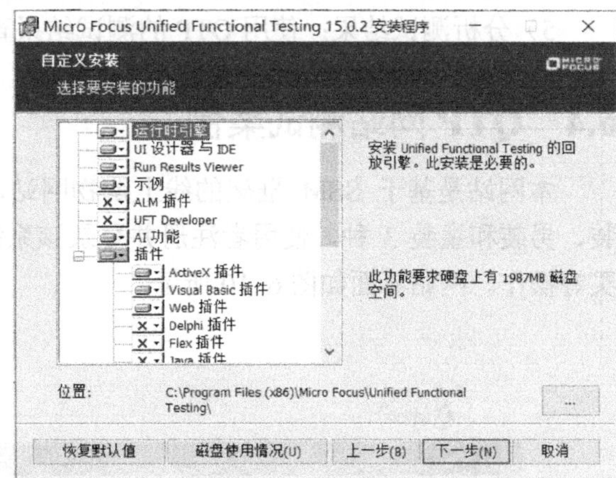

图 6-7　自定义安装

8）单击“下一步”按钮，到图 6-8 所示的界面，勾选自己所需的启用项。

9）单击“安装”按钮，等待安装完成即可，如图 6-9 所示。

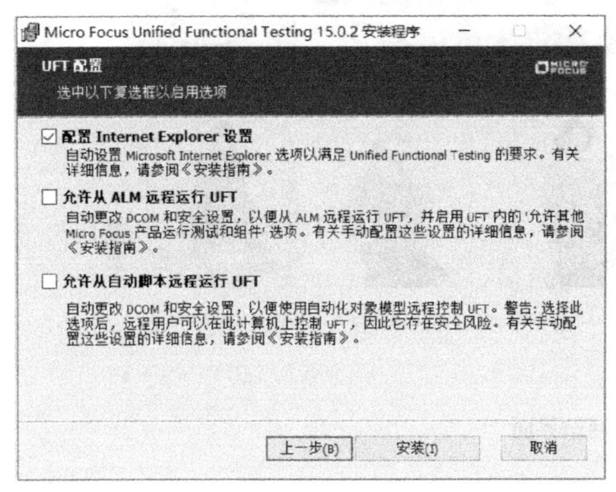

图 6-8　UFT 配置

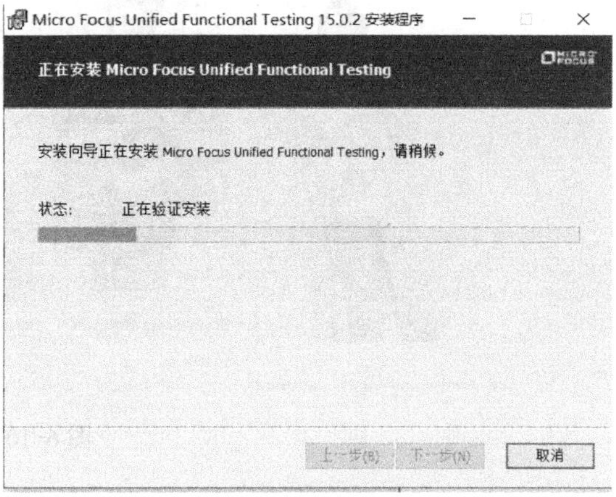

图 6-9　等待安装完成

6.3.4　QTP 的测试过程

使用 QTP 进行自动化测试一般包括以下步骤。

1）录制测试脚本：利用 QTP 先进的对象识别，鼠标和键盘监控机制来录制测试脚本，测试人员只需要模拟用户的操作，像执行手工测试的测试步骤一样操作被测试应用程序的界面即可。

2）编辑测试脚本：包括调整测试步骤、编辑测试逻辑、插入检查点、添加测试输出信息、添加注释等。

3）调试测试脚本：利用 Check Syntax 功能检查测试脚本的语法错误，利用调试功能检查脚本逻辑。

4）运行测试脚本：可运行单个 Action，也可批量运行测试脚本。

5）分析测试结果：使用 QTP 的测试结果查看工具查看并分析测试结果。

6.4 QTP 网站测试案例

本网站是基于 SSM 框架的线上购物网站，用于用户购买服装类商品，商品种类分为女装、男装和童装 3 种，使用者注册并登录该系统，浏览商品后可进行添加购物车或者直接购买等操作。网站界面如图 6-10 所示。

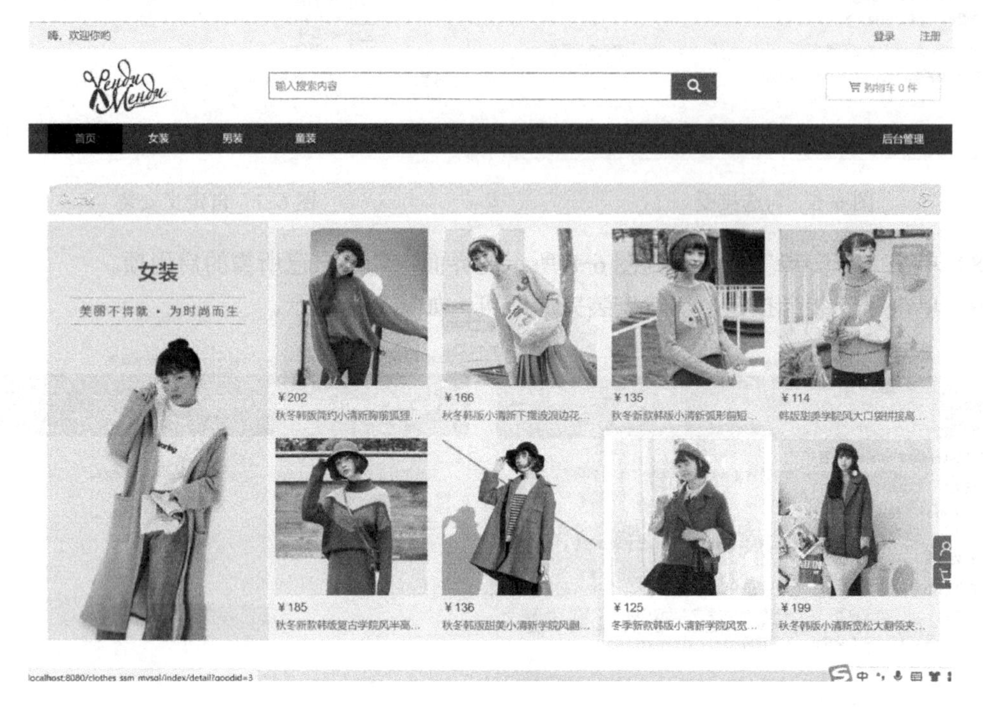

图 6-10 网站界面

6.4.1 登录测试

在未登录状态进入网页时，依然可以正常地访问商城首页，只有在商品详情界面进行加入购物车操作与立即购买操作时，才会出现提示登录的情况。可以单击页面上部的登录按钮进行登录，登录导航栏如图 6-11 所示。

图 6-11 登录导航栏

进入登录界面、输入正确的账号和密码之后，允许登录，并且跳转至原网页。如没有注册，需要先注册后再登录。登录窗口如图 6-12 所示，注册窗口如图 6-13 所示。

图 6-12　登录窗口

图 6-13　注册窗口

1）针对登录模块的输入条件：用户名和密码，有以下几种约束。

- Username 只能包含字母和数字。
- Password 可以包含任何字符。
- 两者都不能为空且有一定的限制长度。
- 如果两者为空或不合法输入，不执行登录并提示输入错误信息。
- 如果两者都不合法，则只提示 Username 的错误信息。
- 如果两者输入都合法，执行登录操作，并显示从服务器可能返回用户名或密码错误和登录成功两种可能。

2）分析原因和结果。

① 原因。

- C1——输入的用户名为空。
- C2——输入的用户名包含非字母、非数字字符。
- C3——输入正确的用户名。
- C4——输入的密码为空。
- C5——输入错误的密码。
- C6——输入正确的密码。

② 结果。

- E1——执行登录并提示用户名不能为空。
- E2——不执行登录并提示用户名不能包含非字母、非数字的非法字符。
- E3——不执行登录并提示密码不能为空。
- E4——执行登录并提示用户名错误。
- E5——执行登录并提示密码错误。
- E6——执行登录并提示登录成功。

3）画出因果图，如图 6-14 所示。

4）根据因果图建立判定表，见表 6-1。

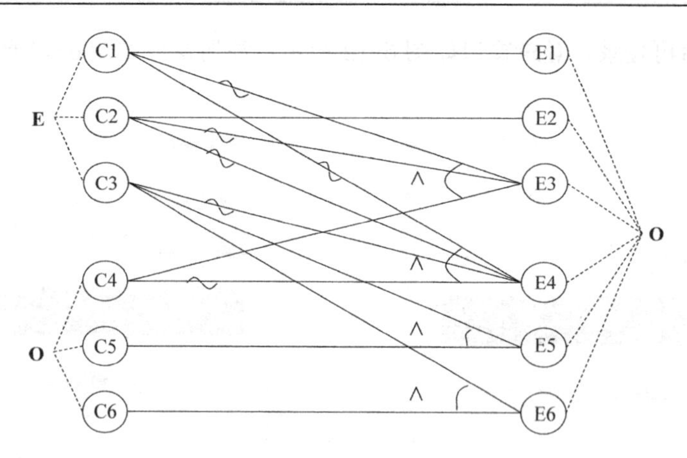

图 6-14　因果图

表 6-1　判定表

		1	2	3	4	5	6	7	8	9	10	11	12
原因	C1	1	1	1	0	0	0	0	0	0	0	0	0
	C2	0	0	0	1	1	1	0	0	0	0	0	0
	C3	0	0	0	0	0	0	1	1	1	0	0	0
	C4	1	0	0	1	0	0	1	0	0	1	0	0
	C5	0	1	0	0	1	0	0	1	0	0	1	0
	C6	0	0	1	0	0	1	0	0	1	0	0	1
结果	E1	1	1	1	0	0	0	0	0	0	0	0	0
	E2	0	0	0	1	1	0	0	0	0	0	0	0
	E3	0	0	0	0	0	1	1	0	0	1	0	0
	E4	0	0	0	0	0	0	0	0	0	0	1	1
	E5	0	0	0	0	0	0	0	1	0	0	0	0
	E6	0	0	0	0	0	0	0	0	1	0	0	0

5）根据上述分析，设计的测试用例见表 6-2。

表 6-2　测试用例

用例编号	Username	Password	预期结果
001	空	空	不执行登录并提示用户名不能为空
002	空	密码错误	不执行登录并提示用户名不能为空
003	空	密码正确	不执行登录并提示用户名不能为空
004	含非字母、非数字字符	空	不执行登录并提示用户名不能包含非字母、非数字字符
005	含非字母、非数字字符	密码错误	不执行登录并提示用户名不能包含非字母、非数字字符
006	含非字母、非数字字符	密码正确	不执行登录并提示用户名不能包含非字母、非数字字符
007	存在用户名	空	不执行登录并提示密码不能为空
008	存在用户名	密码错误	执行登录并提示密码错误
009	存在用户名	密码正确	执行登录并提示登录成功
010	合法输入但不存在	空	不执行登录并提示密码不能为空
011	合法输入但不存在	密码错误	执行登录并提示用户名错误
012	合法输入但不存在	密码正确	执行登录并提示用户名错误

6）录制与测试过程。

① 用 QTP 自动打开购物系统的登录界面，输入用户名和密码，确定当前的操作，将购物系统打开，登录界面如图 6-15 所示。

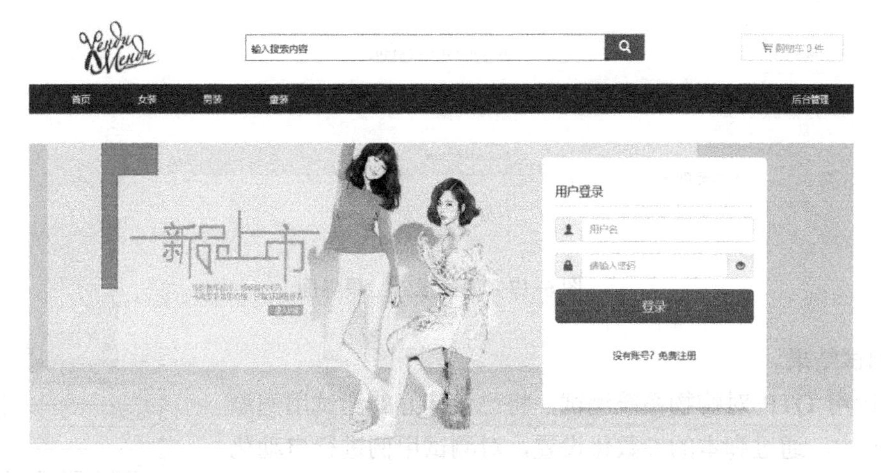

图 6-15　登录界面

② 在 QTP 主界面中单击 Record，在登录界面的文本框中，输入正确的用户名和密码，单击“登录”按钮，进入购物系统界面。在 QTP 主界面，单击 Stop 按钮，结束当前的脚本录制，如图 6-16 所示。

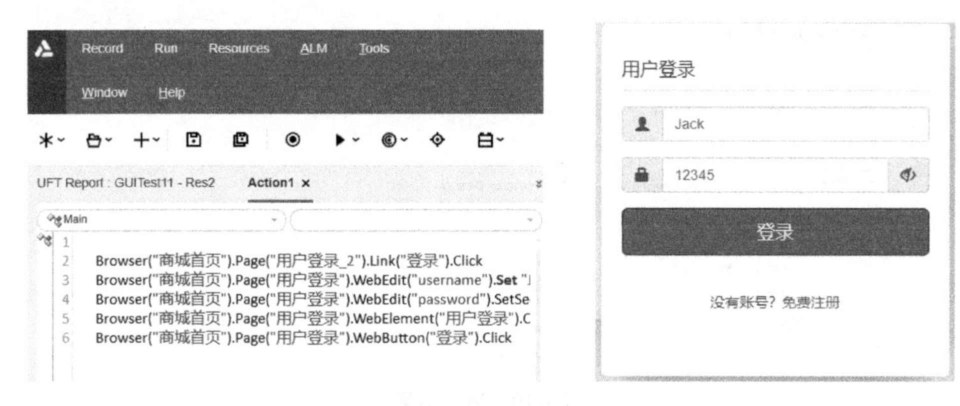

图 6-16　录制界面

录制的脚本如下：

```
SystemUtil.Run"C:\Users\zw\AppData\Roaming\Microsoft\Internet
Explorer\Quick Launch\User Pinned\TaskBar\Microsoft Edge.lnk","","",""
Browser("Browser").Navigate"http://8.142.130.136:8080/ClothesShop/index/index"
Browser("Browser").Page("商城首页").Link("登录").Click
Browser("Browser").Page("用户登录").WebEdit("username").Set "Jack"
Browser("Browser").Page("用户登录").WebEdit("password").SetSecure"6199fd43a943ce48c0db3b8cefa20a6c"
Browser("Browser").Page("用户登录").WebButton("登录").Click
```

③ 在 QTP 主界面的工具栏中单击 Run 按钮，回访脚本，测试报告的结果如图 6-17 所示。

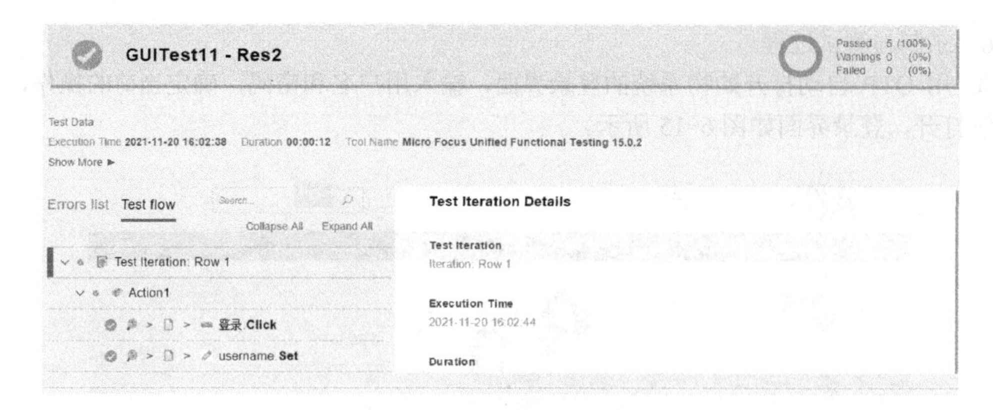

图 6-17　测试报告结果界面

7）测试结果。

通过运用 QTP 对购物系统测试，将已设计好的测试用例添加到 QTP 中，通过脚本的参数化设置，对测试用例进行自动化循环测试，如图 6-18 所示。

QTP 对测试用例的自动化测试后，对每一条数据测试用例进行测试，运行结果如图 6-19 所示。

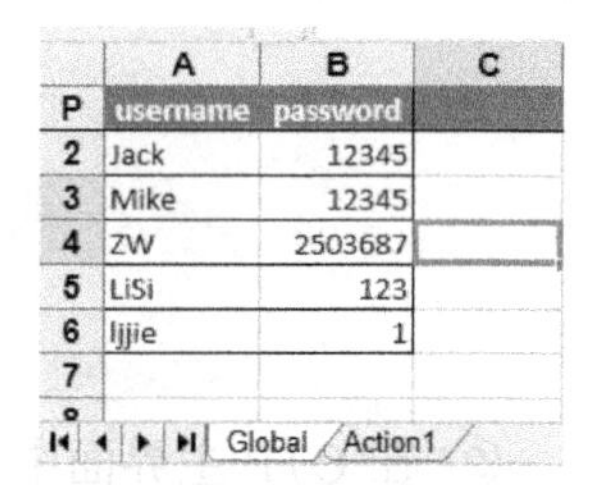

	A	B	C
P	username	password	
2	Jack	12345	
3	Mike	12345	
4	ZW	2503687	
5	LiSi	123	
6	ljjie	1	
7			

Global　Action1

图 6-18　数据界面

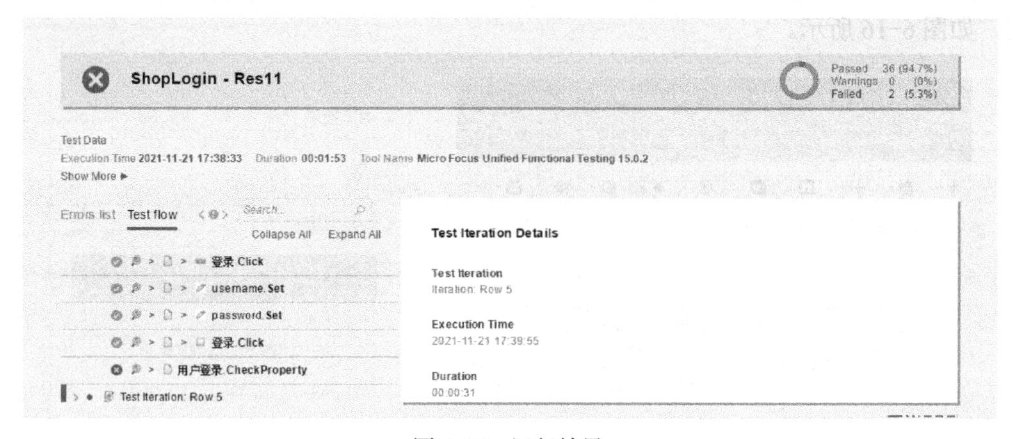

图 6-19　运行结果

8）测试脚本。

```
SystemUtil.Run"C:\Users\zw\AppData\Roaming\Microsoft\Internet Explorer\Quick Launch\User Pinned\TaskBar\Microsoft Edge.lnk","","",""
Browser("Browser").Navigate "http://8.142.130.136:8080/ClothesShop/index/index"
Browser("Browser").Page("商城首页").Link("登录").Click
Browser("Browser").Page("用户登录").WebEdit("username").SetDataTable("username", dtGlobalSheet)
Browser("Browser").Page("用户登录").WebEdit("password").SetDataTable("password", dtGlobalSheet)
Browser("Browser").Page("用户登录").WebButton("登录").Click
Browser("Browser").Page("用户登录").CheckProperty"url","http://8.142.130.136:8080/ClothesShop/index/index"
If Reporter.RunStatus=Pass Then
```

```
        Browser("Browser").Page("商城首页").Link("退出").Click
    End If
```

6.4.2　支付订单测试

在订单支付界面中，需要用户填写收货人的姓名、电话、地址，并且选择支付方式，所有的信息都采用非空限制，当出现空信息栏时，将会在该信息栏下进行提示，如图 6-20 所示。当用户在所有的信息栏上都填写好正确的数据之后，单击支付，将会弹出支付成功提示，如图 6-21 所示。

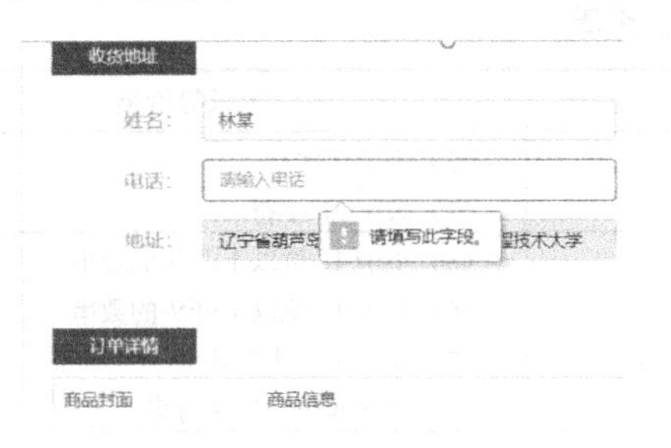

图 6-20　信息栏提示

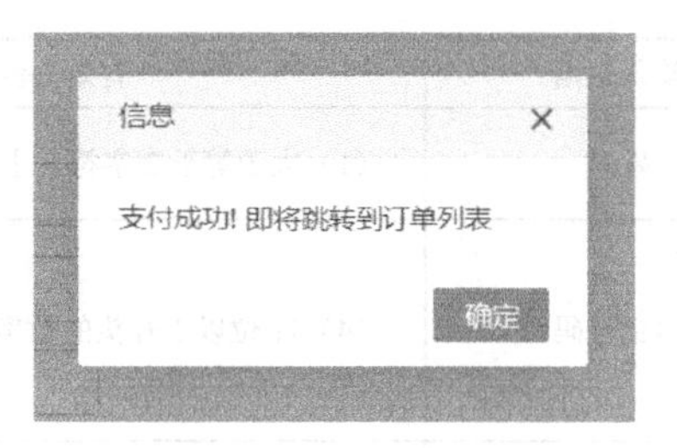

图 6-21　支付成功提示

1．支付订单实例

支付订单是在用户下单加入购物车之后待支付的订单，进入“我的购物车”，填写收货信息（姓名、电话、地址），选择支付方式，最后完成支付。支付页面如图 6-22 所示。

图 6-22　订单支付页面

2. 测试用例设计

1）针对收货信息的输入条件：姓名、电话、地址信息有以下几种约束。

● 姓名不能少于 2 字符，不能超过 20 字符。
● 电话位数为 11 位且只能是数字。
● 电话要以 1 开头。
● 地址信息不能超过 50 字符。

2）划分等价类，见表 6-3。

表 6-3 等价类表

输入数据	有效等价类	无效等价类
姓名	（1）大于等于 2 字符，小于等于 20 字符	（2）小于 2 字符 （3）大于 20 字符
电话号码	（4）11 位以 1 开头的数串	（5）小于 11 位以 1 开头的数串 （6）大于 11 位以 1 开头的数串 （7）以非 1 开头的数串 （8）包含非数字的字符串
地址	（9）大于 0 小于 50 位的字符串	（10）大于 50 位的字符串

3）设计测试用例覆盖所有等价类，见表 6-4。

表 6-4 设计用例

测试数据	期望结果	覆盖范围
姓名：zhangsan 电话号码：13412345678 地址：和平路解放区 7 号	提交成功	（1），（4），（9）
姓名：A 电话号码：135123 地址：新疆维吾尔自治区伊犁哈萨克自治州塔城地区和布克赛尔蒙古自治县和什托洛盖镇西特木恩哈布其克村长安大街 7 号路北 3 单元 4 号	提交失败	（2），（5），（10）
姓名：luofusijiaerfadiledulud 电话号码：12345678915 地址：和平路解放区 7 号	提交失败	（3），（6），（9）
姓名：liSi 电话号码：6351578 地址：提交失败	提交失败	（1），（7），（9）
姓名：大阿杜夫・布里恩・查尔士・大卫・爱尔・费得力・积鲁・胡柏・伊凡・约翰・根尼夫・莱特・马丁・尼罗・奥利佛・保罗・君诗・兰杜夫・雪文・汤马士・恩卡士・维克多・威廉・赛塞斯 电话号码：1340768123X 地址：和平路解放区 7 号	提交失败	（3），（8），（9）

3. 录制与测试过程

1）开启录制并单击“购物车”按钮，如图 6-23 所示。

2）单击“提交订单”按钮，如图 6-24 所示。

图 6-23　购物车列表

图 6-24　提交订单页面

3）填写“收货地址”，如图 6-25 所示。

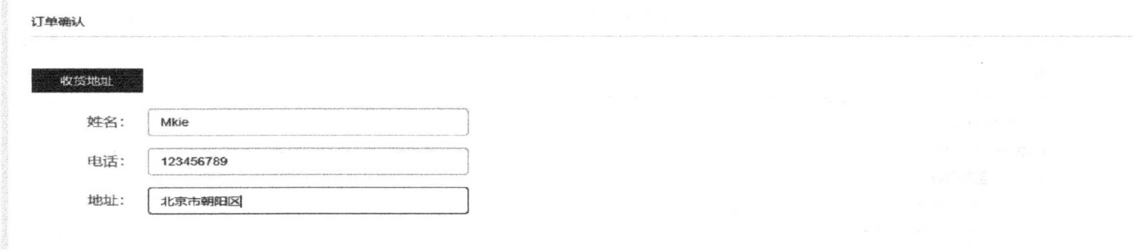

订单确认

收货地址

姓名：Mkie

电话：123456789

地址：北京市朝阳区

图 6-25　收货地址界面

4）选择支付方式并支付，如图 6-26 所示。

图 6-26　支付方式界面

5）单击 Stop 结束录制过程，脚本录制成功，如图 6-27 所示。

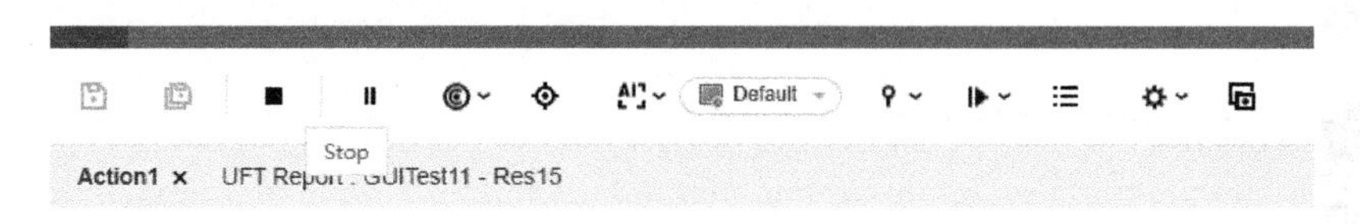

图 6-27　录制结束界面

4．测试结果

单击 Run 运行脚本，如图 6-28 所示。

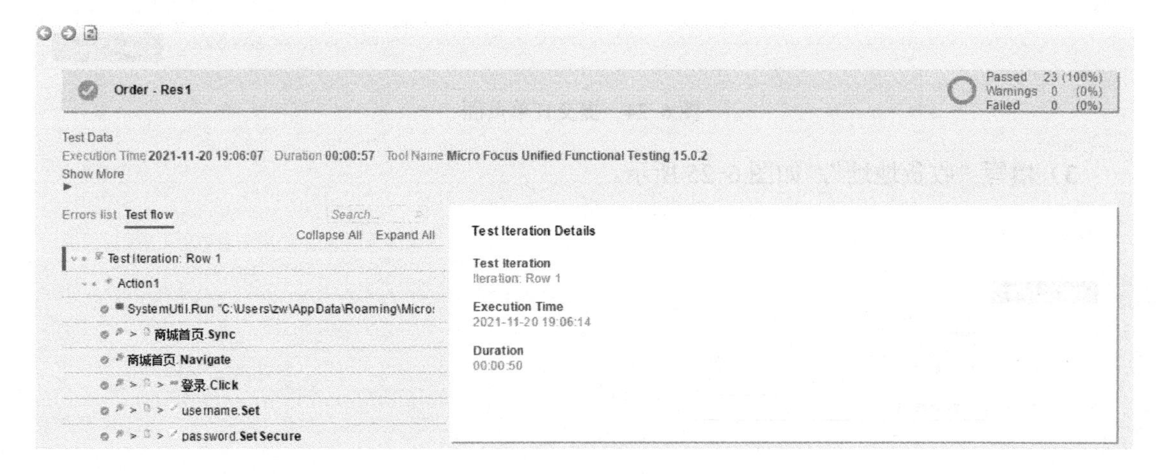

图 6-28　运行结果

5．测试脚本

```
SystemUtil.Run"C:\Users\zw\AppData\Roaming\Microsoft\Internet Explorer\Quick Launch\User Pinned\TaskBar\Microsoft Edge.lnk","","",""
Browser("商城首页").Page("商城首页").Sync
Browser("商城首页").Navigate"http://8.142.130.136:8080/ClothesShop/index/index"
Browser("商城首页").Page("商城首页").Link("登录").Click
Browser("商城首页").Page("用户登录").WebEdit("username").Set "ZW"
Browser("商城首页").Page("用户登录").WebEdit("password").SetSecure" 6198d631d62a8a06a6fea0ac7a282e3bafac9fdb"
Browser("商城首页").Page("用户登录").WebButton("登录").Click
Browser("商城首页").Page("商城首页").Image("秋冬韩版简约小清新胸前狐狸刺绣宽松蝙蝠袖兔绒套头毛衣女针织衫").Click
Browser("商城首页").Page("商城首页_2").WebButton("M").Click
Browser("商城首页").Page("商城首页_2").WebButton("add_shopcart").Click
Browser("商城首页").Page("商城首页_2").Sync
Browser("商城首页").Back
Browser("商城首页").Page("商城首页").Image("秋冬新款韩版小清新弧形前短后长可爱鱼骨印花套头毛衣女学生").Click
Browser("商城首页").Page("商城首页_2").WebButton("add_shopcart").Click
Browser("商城首页").Page("商城首页_2").Sync
Browser("商城首页").Back
Browser("商城首页").Page("商城首页").Link("购物车 0 件").Click
Browser("商城首页").Page("购物车").WebButton("提交订单").Click
Browser("商城首页").Page("订单支付").WebEdit("name").Set "ZW"
Browser("商城首页").Page("订单支付").WebEdit("phone").Set "123456789"
Browser("商城首页").Page("订单支付").WebEdit("address").Set "北京市朝阳区"
Browser("商城首页").Page("订单支付").WebButton("继续支付").Click
Browser("商城首页").Page("订单支付_2").WebElement("确定").Click
```

6.4.3　添加购物车测试

在商品详情界面，选择好颜色、尺寸、商品数量之后，可以单击“加入购物车”按钮，将该商品加入购物车。当选择的对应商品的库存不够时，单击“加入购物车”按钮，会提示库存不足；当选择的对应商品的库存充足时，会提示已经加入购物车，并且提示可以结算和继续购物；添加购物车界面如图 6-29 所示。

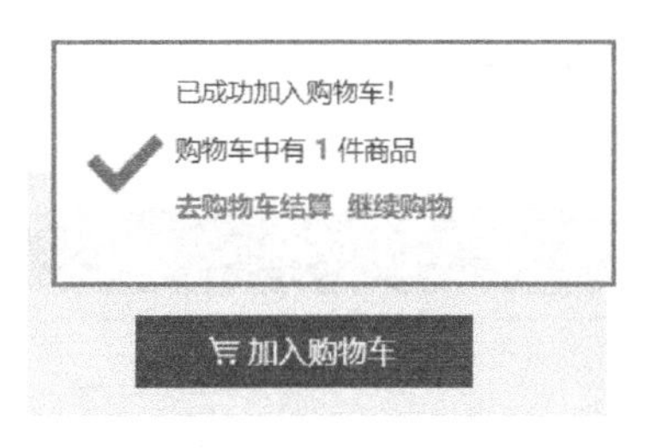

图 6-29　添加购物车界面

1．添加功能

订单实例的前提是成功登录系统，该实例是在购物系统中进行下单操作：选择下单商品，选择商品颜色、尺寸和购买数量，单击“立即购买”按钮或“加入购物车”按钮，完成添加功能。

2．测试用例设计

对于加入购物车操作需要选择相应的购买商品数量（商品颜色、商品尺寸系统会给予默认选项，如需更改，选择相应选项即可），设计用例见表 6-5。

表 6-5　测试用例

测试编号	输入	预期结果	实际结果
001	颜色：绿色 尺寸：M 数量：0	提示：请输入正确地数量	提示：请输入正确地数量
002	颜色：绿色 尺寸：M 数量：11	提示：您输入的数量超过库存上限	提示：您输入的数量超过库存上限
003	颜色：绿色 尺寸：M 数量：1	已成功加入购物车！	已成功加入购物车！
004	颜色：红色 尺寸：L 数量：4	已成功加入购物车！	已成功加入购物车！
005	空	已成功加入购物车！	已成功加入购物车！

3．录制与测试过程

1）录制脚本，选择 Record，如图 6-30 所示。

图 6-30　脚本录制

2）在登录账号和密码框中输入用户名和密码，单击“登录”按钮登录网站，如图 6-31 所示。

图 6-31　登录界面

3）选择商品、购买方式、商品尺码、商品种类和数量，如图 6-32 所示。

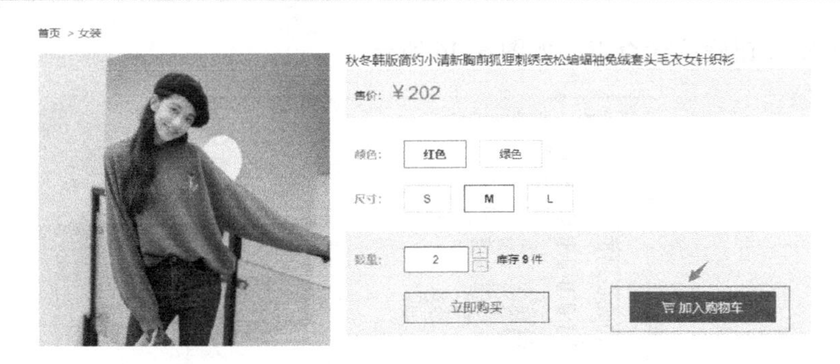

图 6-32　商品详情

4）单击“加入购物车”按钮，如图 6-33 所示。

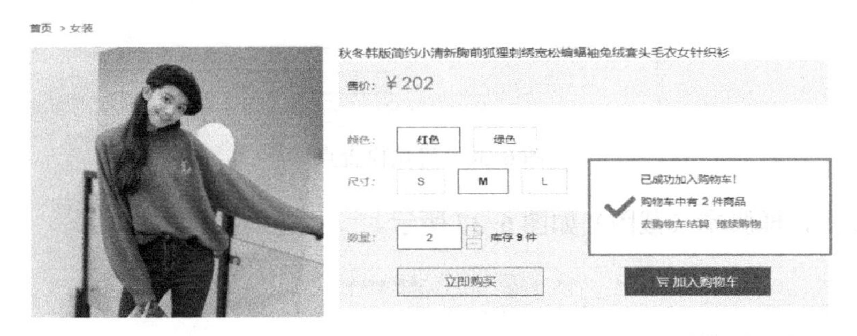

图 6-33　加入购物车

5）单击 Stop 结束录制过程，脚本录制成功，如图 6-34 所示。

图 6-34　结束录制

6）根据错误推测法，在容易出错的点上右击，选择 Insert Standard Checkpoint，如图 6-35 所示。

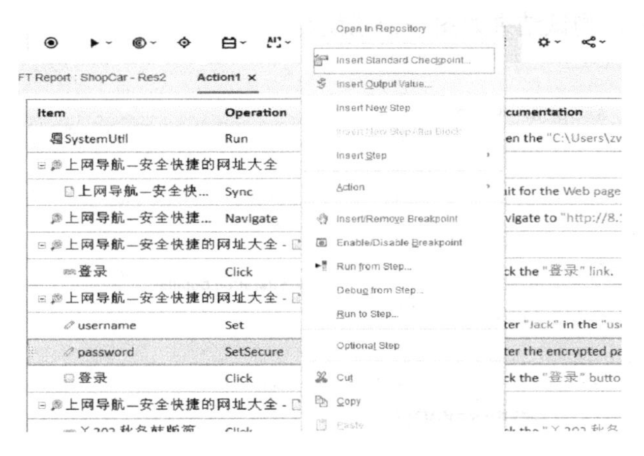

图 6-35　插入标准检查点

7）单击 OK 按钮确认检查点，如图 6-36 所示。

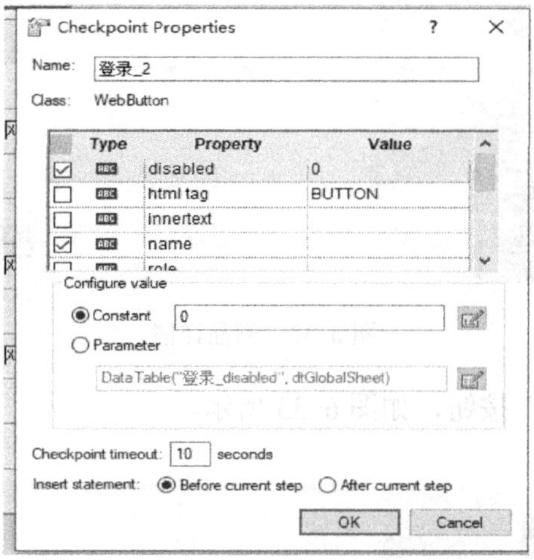

图 6-36　确认检查点

关键字视图，即脚本（截图）如图 6-37 所示。

Item	Operation	Value	Documentation
SystemUtil	Run	"C:\Users\zw\AppData\R...	Open the "C:\Users\zw\AppData\Roaming\Microsoft\Internet ...
上网导航—安全快捷的网址大全			
上网导航—安全快...	Sync		Wait for the Web page to synchronize before continuing the run.
上网导航—安全快捷...	Navigate	"http://8.142.130.136:80...	Navigate to "http://8.142.130.136:8080/ClothesShop/index/in...
上网导航—安全快捷的网址大全 - 商城首页			
登录	Click		Click the "登录" link.
上网导航—安全快捷的网址大全 - 用户登录			
username	Set	"Jack"	Enter "Jack" in the "username" edit box.
password	SetSecure	"6198c48bb66d383bccef...	Enter the encrypted password in the "password" edit box.
登录	Check	CheckPoint("登录")	Check whether the "登录" button has the proper values for the...
登录	Click		Click the "登录" button.

图 6-37　关键字视图

4．测试结果

运行测试脚本后，测试结果如图 6-38 所示。

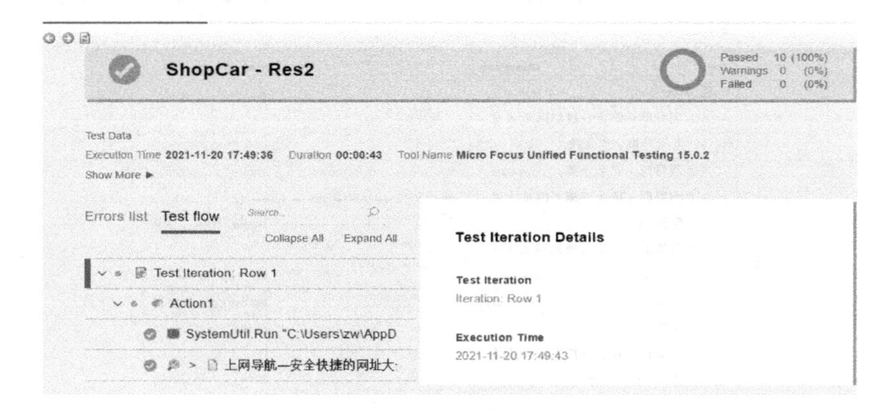

图 6-38　测试结果

5．测试脚本

以上测试对应脚本如下。

```
SystemUtil.Run"C:\Users\zw\AppData\Roaming\Microsoft\Internet Explorer\Quick Launch\User Pinned\TaskBar\Microsoft Edge.lnk","","",""
Browser("上网导航—安全快捷的网址大全").Page("上网导航—安全快捷的网址大全").Sync
Browser("上网导航—安全快捷的网址大全").Navigate "http://8.142.130.136:8080/ClothesShop/index/index"
Browser("上网导航—安全快捷的网址大全").Page("商城首页").Link("登录").Click
Browser("上网导航—安全快捷的网址大全").Page("用户登录").WebEdit("username").Set "Jack"
Browser("上网导航—安全快捷的网址大全").Page("用户登录").WebEdit("password").SetSecure "6198c48bb66d383bccef3305add617a0"
Browser("上网导航—安全快捷的网址大全").Page("用户登录").WebButton("登录").Check CheckPoint("登录")
Browser("上网导航—安全快捷的网址大全").Page("用户登录").WebButton("登录").Click
Browser("上网导航—安全快捷的网址大全").Page("商城首页").Link("￥202 秋冬韩版简约小清新胸前狐狸刺绣宽松蝙蝠袖兔绒套头毛").Click
Browser("上网导航—安全快捷的网址大全").Page("商城首页_2").WebButton("M").Click
Browser("上网导航—安全快捷的网址大全").Page("商城首页_2").WebButton("add_shopcart").Click
```

习题

1．Web 应用测试的分类有哪些？

2．Web 应用测试的方法有哪些？

3．请自行设计一个 Web 应用测试的案例。

第7章　移动应用测试

本章内容

本章首先介绍移动应用测试的分类、特点、思路和方法，接着介绍了移动应用测试的主流工具，然后重点讲解了 Appium 的架构和工作过程，以及 Appium 环境搭建过程，最后通过两个测试用例具体地介绍 Appium 的测试过程。

本章要点

- 熟悉移动应用测试的分类、特点和思路。
- 了解移动应用的主流测试工具，主要是各个测试工具的侧重点和优缺点。
- 掌握 Appium 的架构和工作过程，能够熟练搭建测试环境。
- 根据具体的移动应用测试要求，能够使用 Appium 进行测试。

7.1　移动应用测试概述

移动应用测试是指对移动应用进行的测试，包括自动化测试和人工测试，具体是指在移动应用开发完成后，测试人员按照一定策略对其进行测试的过程，以确保应用在各种移动设备及其操作系统上能够高效、稳定地运行。

7.1.1　移动应用测试的分类

移动应用测试可分为以下 6 大类。

- 功能测试：检查功能是否按照要求工作。
- 回归测试：检查新功能更新、补丁或配置更改时功能和非功能部分有没有带来新的响应或错误。回归测试确认开发所进行的任何更改又要覆盖未更改的部分。
- 性能测试：确定系统在特定工作负载或任务下如何响应的过程。
- 安全测试：在软件产品的生命周期过程中，对产品检验是否符合安全需求定义。验证安装在系统内的保护机制能否在实际应用中对系统进行保护，使之不被非法入侵。
- 可用性测试：实际模拟用户检查移动应用程序的功能。该测试的主要重点在于测试用户能否简单、快速地使用应用程序，从而了解用户体验满意度。
- 兼容性测试：检查应用程序在不同移动设备、系统以及浏览器中的运行情况是否符合预期。

7.1.2　移动应用测试的特点

移动端的测试受手机屏幕大小、内存、CPU、操作方式等方面的限制，有其自身的特点。

1．网络多样

移动端网络有 2G、3G、4G、5G、Wi-Fi 等，在测试时需要考虑不同网络之间切换时数据传输、产品运行是否正常，诸如一些支付、提现等关键操作网络中断后的处理机制是否合理，确保用户账户资金显示正常，增强对产品的信任度。

2．操作

移动端产品在操作主要是手势操作，包括触摸、滑动、长按等，分别对应不同的响应事件。由于手机屏幕大小的限制以及手指的触控面积限制，测试时需要考虑每种功能的响应区域是否精确，不能影响到其他响应事件的触发。

3．间断

移动端产品在使用时会受到电话、短信、邮件、消息推送通知、断电、锁屏等干扰，需要考虑这几种中断恢复后产品运行是否正常。

4．安装、卸载、版本更新

移动端产品更新迭代快，隔一段时间都要更新版本，安装、卸载频繁，需要考虑卸载后资源空间的释放、用户数据的处理，版本更新后原有数据是否同步保存、登录数据的展示等。

5．兼容性

移动端产品分为 Android 和 iOS，需要同时对两个平台进行测试。另外兼容性还要考虑到不同的屏幕大小、分辨率、操作系统版本、CPU 厂商、主流机型等。

7.1.3　移动应用测试的思路

对于移动应用，顺利完成全部业务功能测试往往是不够的，当移动应用被大量用户安装和使用时，就会暴露出很多之前完全没有预料到的问题，内容如下。

- 流量使用过多。
- 耗电量过大。
- 多个移动应用相互切换后，行为异常。
- 在某些设备上无法顺利安装或卸载。
- 弱网络环境下，无法正常使用。
- App 运行时进入低电量模式。
- App 运行时第三方安全软件弹出警告。
- App 运行时发生网络切换，例如，由 Wi-Fi 切换到移动 4G 网络。

7.1.4　移动应用测试的方法

移动端应用又可进一步细分为以下 3 大类。

- Web App：移动端 Web 浏览器测试，所有 GUI 自动化测试方法和技术，如数据驱动、页面对象模型、业务流程封装等，都适用于 Web App 测试。

- Native App：移动端的原生应用测试，虽然不同平台会使用不同的自动化测试方案，iOS 一般采用 XCUITest Driver，而 Android 一般采用 UiAutomator2 或者 Espresso 等，但数据驱动，页面对象以及业务流程封装的思想依旧适用，完全可以把这些方法应用到测试用例设计中。
- HyBrid App：混合模式移动应用，介于 Web App 和 Native App 之间的一种 App 形式。混合应用测试情况稍微复杂一点，对 Native Container 的测试，可能需要用到 XCUITest 或者 UiAutomator2 这样的原生测试框架，而对于 Container 中的 HTML5 的测试，基本和传统的网页测试没有什么区别，所有原本基于 GUI 的测试思想和方法都能继续使用。

7.2 移动应用测试工具介绍

7.2.1 Calabash

Calabash 是一款适用于 iOS 和 Android 平台的跨平台应用测试框架，支持 Cucumber（Cucumber 是一个能够理解用普通语言描述的测试用例，支持行为驱动开发的自动化测试工具，用 Ruby 编写，支持 Java 和.net 等多种开发语言），开源且免费，隶属于 Xamarin 公司。通过 Calabash，开发者可以对应用进行多方位测试，如截屏、手势识别、实际功能代码等。

7.2.2 KIF

KIF 的全称是 Keep It Functional，来自 Square，是一款专为 iOS 设计的移动应用测试框架。由于 KIF 是使用 Objective-C 语言编写的，因此，对于 iOS 开发者而言，用起来要更得心应手。

7.2.3 Robolectric

Robolectric 是 Android 端的单元测试工具，优势是可以不需要 Android 模拟器、真机环境，只需要 JVM 环境就可以运行单元测试用例，节省了代码编译、启动模拟器、安装应用等时间，所以运行速度会快很多，通过 Robolectric 来编写单元测试用例和持续集成整合还是比较不错的，可以做到有代码变更，快速运行单元测试用例，快速反馈结果。Robolectric 可以解压 Android SDK，还能直接对应用进行测试，从而帮助测试人员解决可能遇到的一些问题。

7.2.4 Monkey

Monkey 通过向系统发送伪随机的用户事件流（如按键输入、触摸屏输入、滑动 Trackball、手势输入等操作），来对设备上的程序进行测试，检测程序长时间的稳定性，多久的时间会发生异常。

Monkey 工具存储在 Android 系统中，使用 Java 语言写成，其 jar 包在 Android 文件系统中的存放路径是/system/framework/monkey.jar；Monkey.jar 程序是由一个名为 monkey 的 shell

脚本来启动执行，shell 脚本在 Android 文件系统中的存储路径是/system/bin/monkey；Monkey 需要通过 adb 来唤醒，即通过在 cmd 窗口中执行 adb shell monkey ｛+命令参数｝来进行 Monkey 测试。

7.2.5 Appium

Appium 是一个开源的、跨平台的自动化测试工具，适用于测试原生或混合型移动 App，支持 iOS、Android 平台。通过它，开发者可以利用测试代码完全访问后端 API 和数据库。Appium 的设计理念是无须 SDK 和编译即可测试原生应用。换句话说，它可以让用户轻松地对原生应用进行测试，而不需要烦琐的 SDK 和编译过程。

该框架不仅能完美支持 iOS、Android 应用，还可直接在 PHP、Python、Ruby、C#、Java、Objective-C、JavaScript 等语言中编写测试脚本。

7.3 Appium 的安装及应用

7.3.1 Appium 的架构

Appium 的架构如图 7-1 所示。

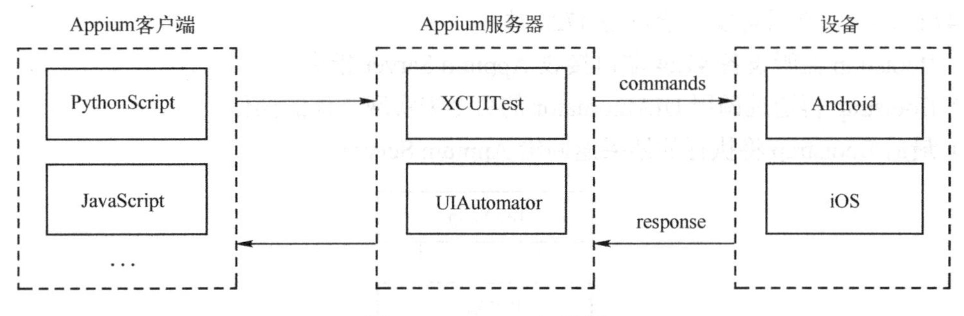

图 7-1　Appium 架构图

1．Appium 客户端

此模块是指实现了 Appium 功能的 WebDriver 协议的客户端，它负责与 Appium 服务器建立连接，并将测试脚本的指令发送到 Appium 服务器。Appium 客户端可由多种语言实现，包括 Python、Java、JavaScript、Ruby、Object C、PHP 和 C#等。

2．Appium 服务器

Appium 服务器是 Appium 框架的核心，它是一个基于 Node.js 实现的 HTTP 服务器。Appium 服务器的主要功能是接收从 Appium 客户端发起的连接，监听客户端发送过来的命令，然后将命令转化为移动端能够识别的命令，然后并发送给移动设备进行操作，再等待移动设备返回的操作结果，将操作结果通过 HTTP 应答反馈给 Appium 客户端。

（1）Bootstrap.jar

Bootstrap.jar 是在 iOS 手机上运行的一个应用程序，此应用程序在手机上扮演 TCP 服务器的角色（TCP 服务器是一种网络服务器，它使用 TCP 来与客户端通信），当 Appium 服务器需要运行命令时，Appium 服务器会与 Bootstrap.jar 建立 TCP 通信，并把命令发送给 Bootstrap.jar，Bootstrap.jar 负责运行测试命令。

（2）Devices（设备）

Appium 基于 WebDriver 协议，利用 Bootstrap.jar（Bootstrap.js）最后通过调用 UIAutomator 命令，实现 App 的自动化测试。

（3）Appium

Appium 是在手机操作系统自带的测试框架基础上实现的，在 Android 和 iOS 的系统上使用的工具分别如下。

1）Android（版本<4.3）：Google 的 Instrumentation。

2）Android（版本≥4.3）：Google 的 UiAutomator/UiAutomator2。

3）iOS（版本<9.3）：苹果的 UIAutomation。

4）iOS（版本≤9.3）：苹果的 XCUITest。

7.3.2 Appium 的工作过程

Appium 在 Android 设备的工作过程如图 7-2 所示。

1）Appium Server 通过 4723 端口监听客户端发送过来的脚本指令，并解析指令参数给 PC 端 4724 端口，然后再发送给设备 4724 端口。

2）Bootstrap 监听设备 4724 端口接收 Appium Server 指令。

3）Bootstrap 再通过调用 UIAutomator 的命令来实现具体的操作。

4）最后 Bootstrap 将执行的结果返回给 Appium Server。

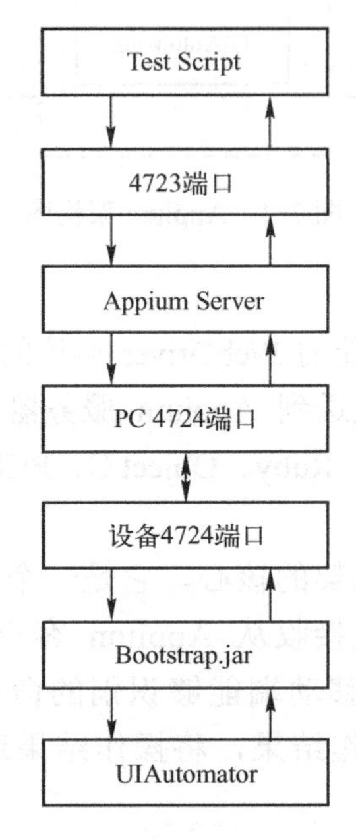

图 7-2 Appium 工作流程图

7.3.3　Appium 的环境搭建

1．安装 jdk1.8

（1）下载并安装 JDK

jdk1.8 的下载地址为：

https://www.oracle.com/java/technologies/downloads/#jre8-windows，下载页面如图 7-3 所示。

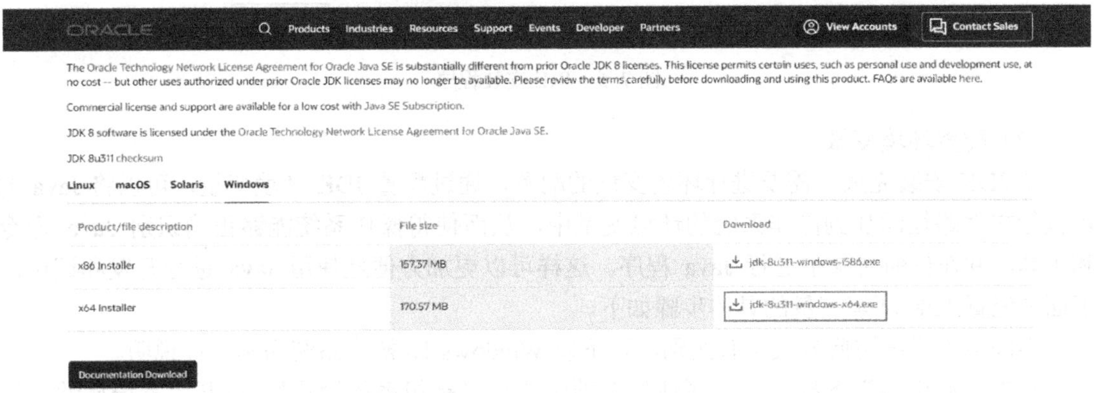

图 7-3　JDK 下载页面

在下载完.exe 文件后，可以直接运行该文件，接下来会出现一个安装界面。通常情况下，安装界面会提供一些选项，如选择安装路径，这里选择默认即可，如图 7-4 所示。

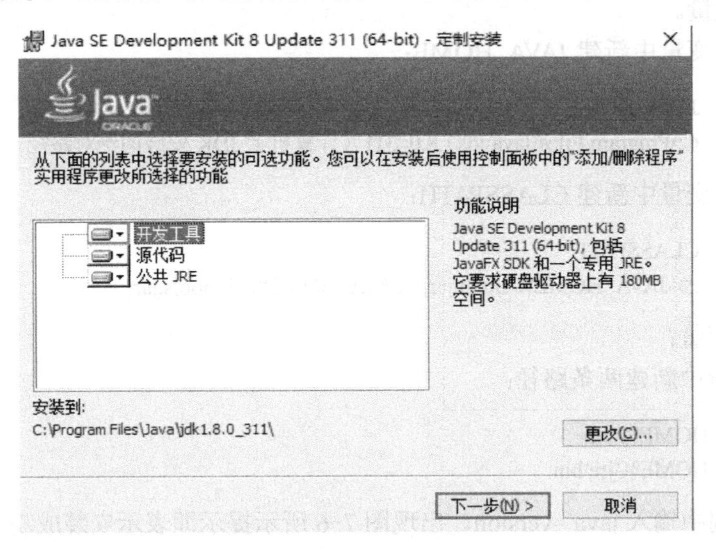

图 7-4　JDK 安装路径选择

完成 JDK 的安装后，系统会自动弹出 Java 运行环境（JRE）的安装程序。JRE 是 Java 程序的运行环境，是运行 Java 程序的必要组件，如图 7-5 所示。

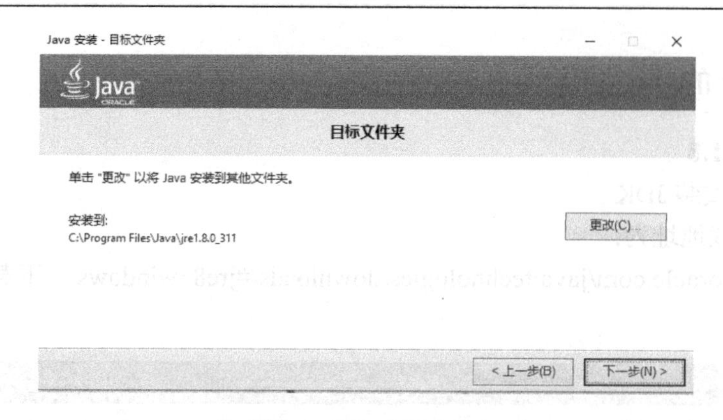

图 7-5　JRE 安装程序

（2）配置环境变量

待 JDK 安装完成，需要进行环境变量的配置，通过配置 JDK 环境变量，可以将 Java 的可执行文件路径添加到操作系统的环境变量中，从而使得操作系统能够正确识别 Java 命令和工具，并在任何目录下运行 Java 程序。这样可以更加方便地使用 Java 进行开发和调试。下面是配置 JDK 环境变量的具体步骤如下。

不同版本系统访问方式略有区别，以下以 Windows 10 操作系统为例进行说明。

右击"此电脑"图标，在"属性"选项中选择"高级系统设置"，打开"系统属性"对话框；选择"高级"标签，单击"环境变量"按钮，可以在"环境变量"对话框中添加或编辑环境变量；在"环境变量"对话框中，可以选择"用户变量"或"系统变量"来添加或编辑环境变量；选择一个变量，单击"编辑"按钮来修改其值，或者单击"新建"按钮来创建一个新的环境变量。

在系统环境变量中新建 JAVA_HOME：

变量名：JAVA_HOME
变量值：C:\Program Files\Java\jdk1.8.0_311（计算机上 JDK 安装的绝对路径）

在系统环境变量中新建 CLASSPATH：

变量名：CLASSPATH
变量值：.;%JAVA_HOME%\lib\dt.jar;%JAVA_HOME%\lib\tools.jar;

修改 Path 变量：

在 Path 变量中新建两条路径：

%JAVA_HOME%\bin
%JAVA_HOME%\jre\bin

在 cmd 终端中输入 java –version，出现图 7-6 所示提示即表示安装成功。

```
C:\Users\lrk>java -version
java version "1.8.0_311"
Java(TM) SE Runtime Environment (build 1.8.0_311-b11)
Java HotSpot(TM) 64-Bit Server VM (build 25.311-b11, mixed mode)
```

图 7-6　JDK 安装成功提示

2．安装 Android SDK

（1）下载并安装 Android SDK

目前官网已不再提供独立的 Android SDK 下载安装包，而是推荐用户下载包含 Android SDK 的 Android Studio 集成开发环境。通过下载 Android Studio，可获得 Android SDK 及其他开发工具，以支持用户进行 Android 应用程序的开发。因此，如需要使用 Android SDK，需下载并安装 Android Studio。Android Studio 的下载地址为 https://developer.android.google.cn/studio。

1）在下载完安装文件后，可以直接运行该.exe 文件，接下来会出现一个安装界面。通常情况下，安装界面会提供一些选项，例如，选择安装路径，选择自己的安装路径即可，如图 7-7 所示。

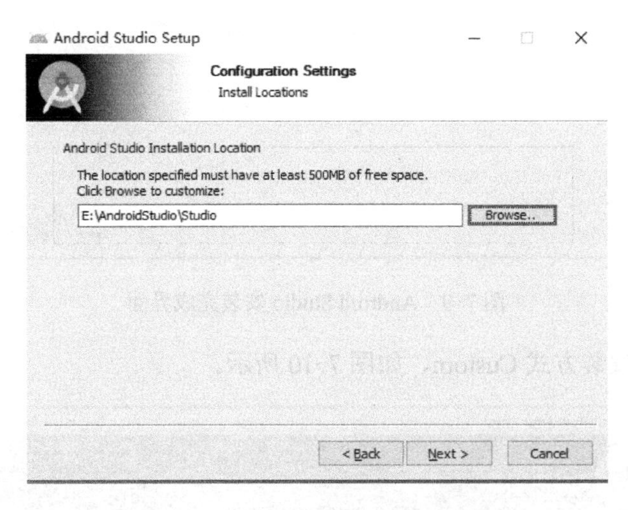

图 7-7　选择 Android Studio 安装路径

2）选择完安装路径后，单击 Next，然后单击 Install 进行 Android Studio 的安装，安装完成后启动 Android Studio（如图 7-8 和图 7-9 所示）。

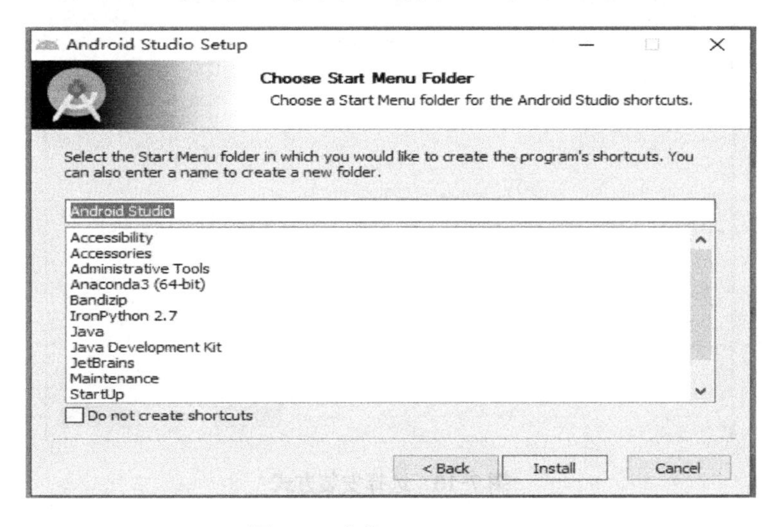

图 7-8　安装 Android Studio

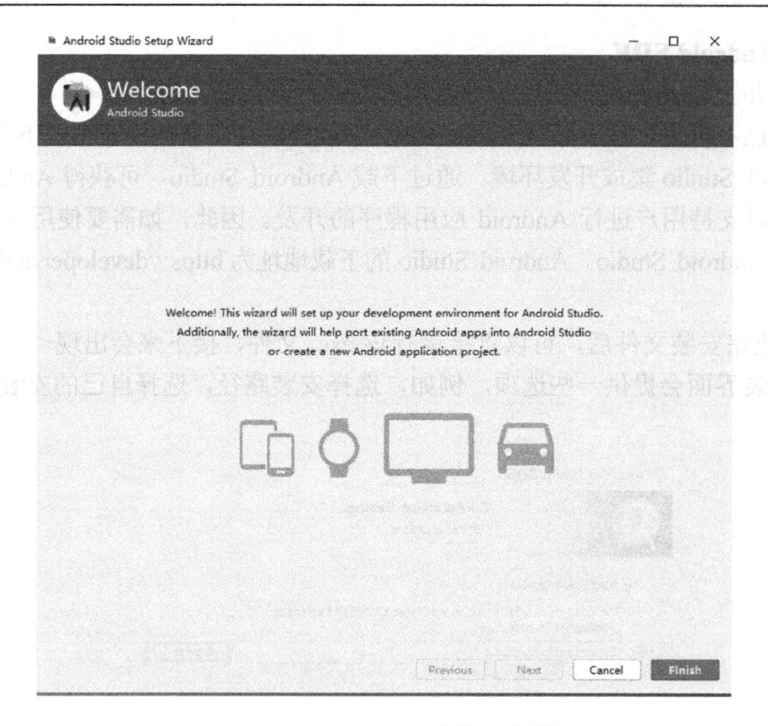

图 7-9 Android Studio 安装完成界面

3）选择自定义安装方式 Custom，如图 7-10 所示。

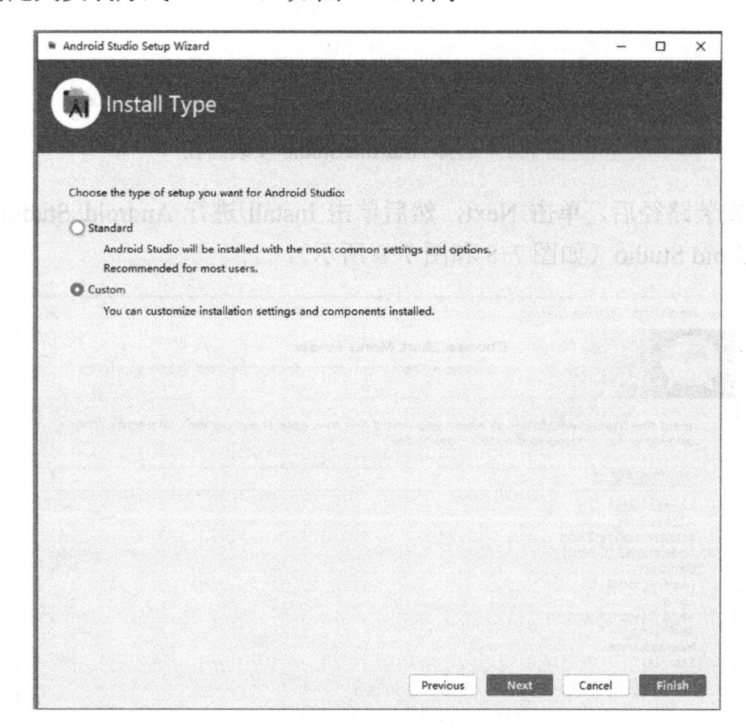

图 7-10 选择安装方式

4）为 Android 开发工具部署 Java 环境，选择 Java 安装路径，如图 7-11 所示。

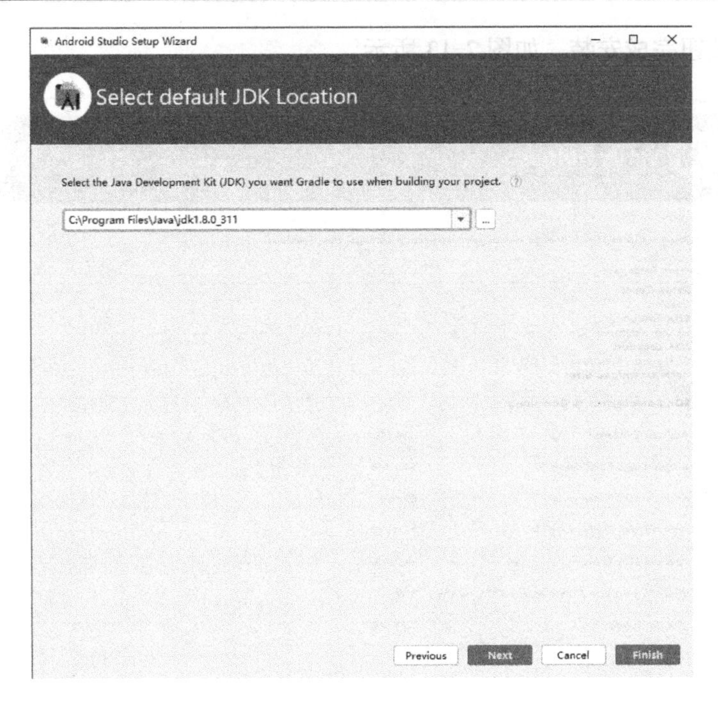

图 7-11　选择安装路径

5）安装 Android SDK，并且更改 SDK 安装路径，选择自己设置的安装文件夹即可，如图 7-12 所示。

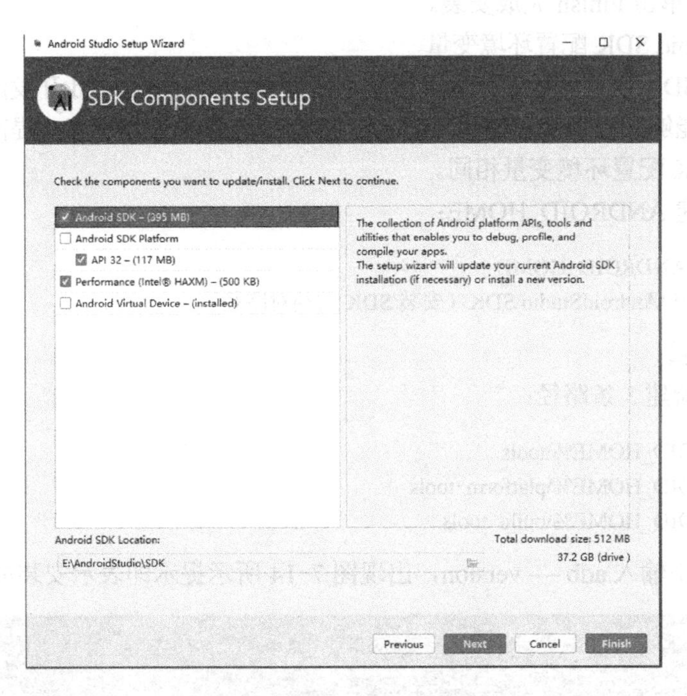

图 7-12　安装 Android SDK

6）设置虚拟设备运行内存，可根据自己的计算机配置选择，通常选择默认选项即可。

单击“Finish”按钮完成安装，如图 7-13 所示。

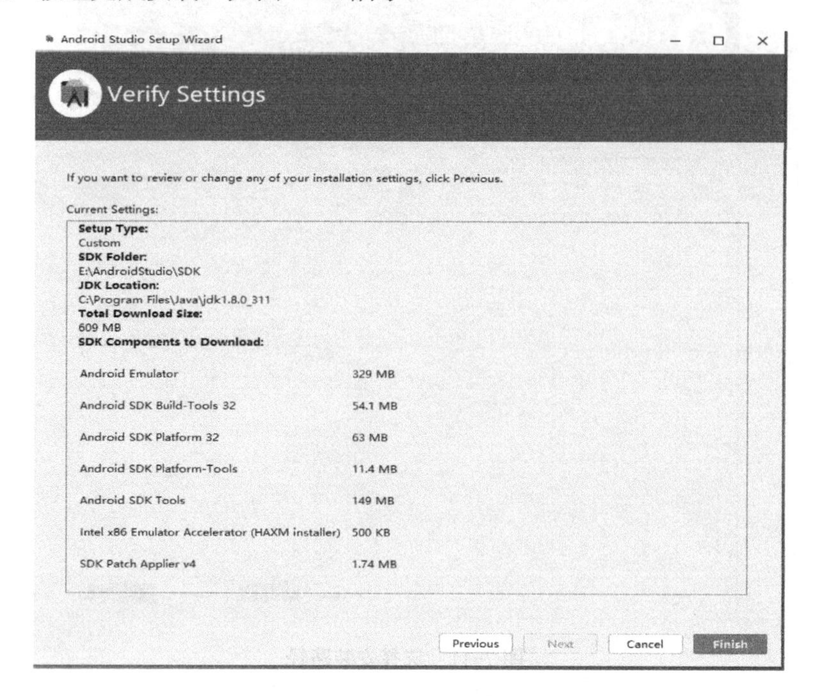

图 7-13　Android SDK 安装完成界面

7）下一步，单击 Finish 完成安装。

（2）为 Android SDK 配置环境变量

待 Android SDK 安装完成后，为其配置环境变量是进行 Android 开发的必要步骤之一，这可以确保系统能够正确识别和使用 Android SDK 中的各种工具和库，提高开发效率。配置步骤与前文为 JDK 配置环境变量相同。

系统变量新建 ANDROID_HOME：

变量名：ANDROID_HOME
变量值：E:\AndroidStudio\SDK（安装 SDK 的绝对路径）

修改 Path 变量：

Path 变量中新建 3 条路径：

%ANDROID_HOME%\tools
%ANDROID_HOME%\platform-tools
%ANDROID_HOME%\build-tools

在 cmd 终端中输入 adb -- version，出现图 7-14 所示提示即表示安装成功。

```
C:\Users\lrk>adb --version
Android Debug Bridge version 1.0.41
Version 31.0.3-7562133
Installed as E:\AndroidStudio\SDK\platform-tools\adb.exe
```

图 7-14　验证 SDK 是否安装成功

3．安装 node.js

首先在官网上选择合适的操作系统版本。node.js 支持多种操作系统，如 Windows、macOS、Linux 等。选择与操作系统匹配的版本。单击“下载”按钮，然后选择操作系统，下载对应的安装包。一般来说，可以选择最新的 LTS（长期支持）版本，如图 7-15 所示。下载地址为 https://nodejs.org/zh-cn/download/。

图 7-15　node.js 官方下载界面

运行下载的安装包 msi 文件，按照提示进行安装，一直单击“下一步”按钮安装即可，然后打开命令行或终端窗口，输入图 7-16 的命令，出现以下提示信息即表示安装成功。

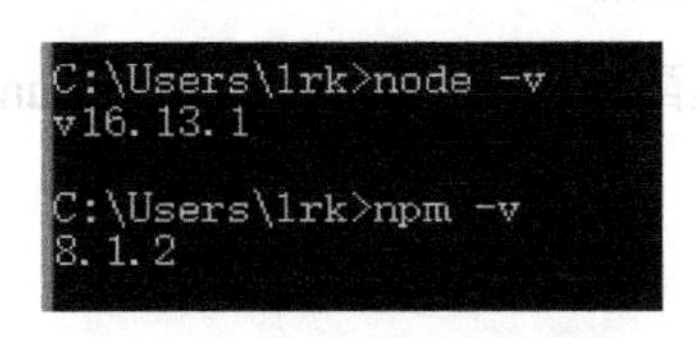

图 7-16　验证 node.js 安装成功

4．安装 Appium-Desktop

Appium-Desktop 的下载地址为 https://github.com/appium/appium-desktop/releases/tag/v1.22.0。下载 Appium-Server-GUI-windows-1.22.0.exe，根据操作系统，选择对应的安装包进行下载，如图 7-17 所示。

▾ Assets 11

Appium-Server-GUI-1.22.0-mac.zip	158 MB
Appium-Server-GUI-linux-1.22.0.AppImage	131 MB
Appium-Server-GUI-mac-1.22.0.dmg	146 MB
Appium-Server-GUI-mac-1.22.0.dmg.blockmap	150 KB
Appium-Server-GUI-windows-1.22.0.exe	239 MB
Appium-Server-GUI-windows-1.22.0.exe.blockmap	222 KB
Appium-Server-GUI-windows-1.22.0.zip	148 MB
latest-linux.yml	401 Bytes
latest-mac.yml	550 Bytes
Source code (zip)	
Source code (tar.gz)	

图 7-17　Appium-Desktop 官方下载界面

运行下载的安装包，然后按照提示进行安装，直接单击“安装”按钮即可，如图 7-18 所示。

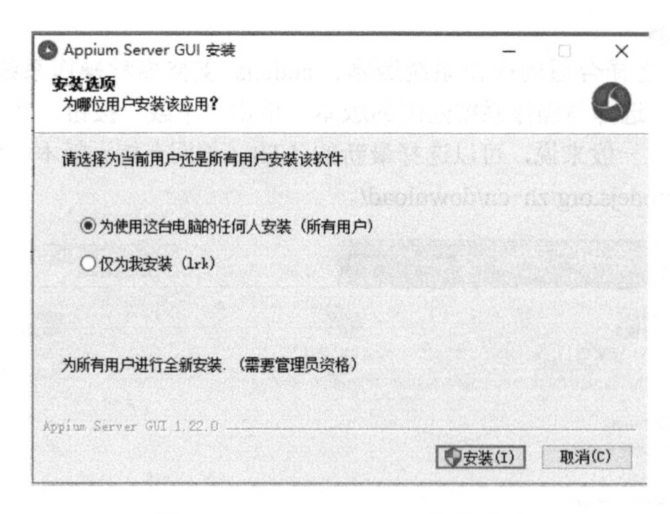

图 7-18　Appium-Desktop 安装界面

5．安装 Python 环境

首先检查是否已经安装 Python，再安装 Appium Python Client。打开 cmd 终端并输入以下命令来安装 Appium Python 客户端。

```
pip install Appium-Python-Client
```

输入以下命令，确保安装匹配版本的 Selenium 和 Appium。

```
pip install selenium -U
```

6．安装雷电模拟器

雷电模拟器是一个 Android 模拟器，用于在 PC 上运行 Android 应用。雷电模拟器下载地址为 https://www.ldmnq.com/，下载安装程序后，按照安装提示完成并启动即可。

7．安装元素定位器

下载 zip 包后解压即可，地址为 https://github.com/appium/appium-inspector/releases。

7.4　Appium 移动应用测试案例

7.4.1　案例一：计算器

1）首先在 Windows 中启动雷电模拟器，启动后，可以在雷电模拟器中安装并运行安卓应用程序。安装并运行“小牛计算器”，如图 7-19 所示。

2）启动 Appium Server GUI，使用默认配置即可，单击“启动服务器”按钮，如图 7-20 和图 7-21 所示。

图 7-19　用雷电模拟器打开“小牛计算器”

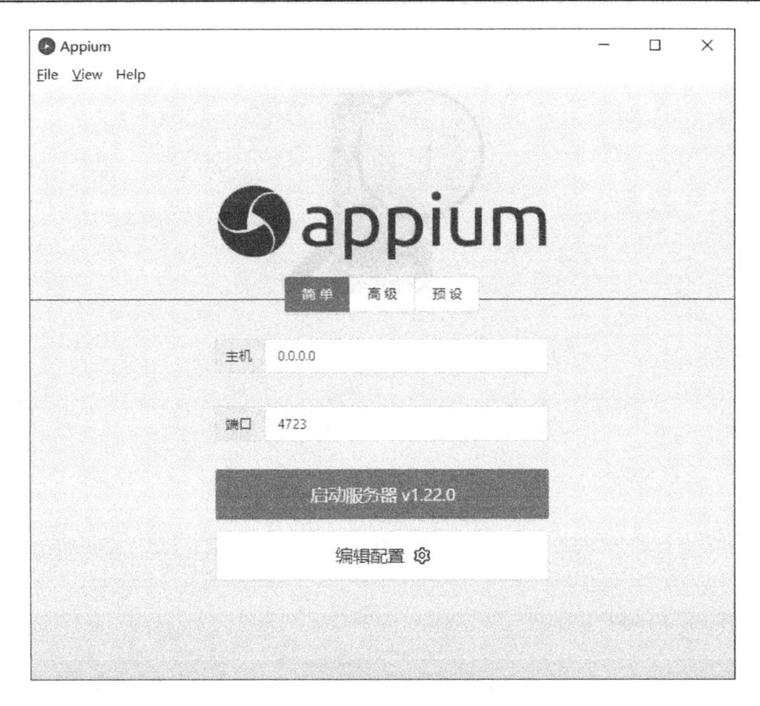

图 7-20　启动 Appium Server GUI

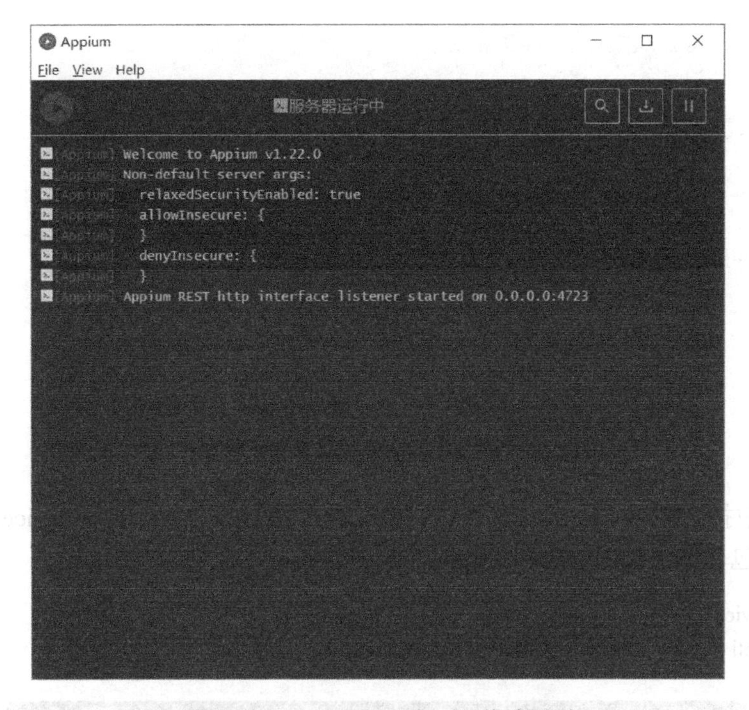

图 7-21　Appium Server GUI 终端页面

3）启动 Appium Inspector.exe，可以通过该程序获取元素 id，如图 7-22 和图 7-23 所示。

图 7-22　Appium Inspector 页面

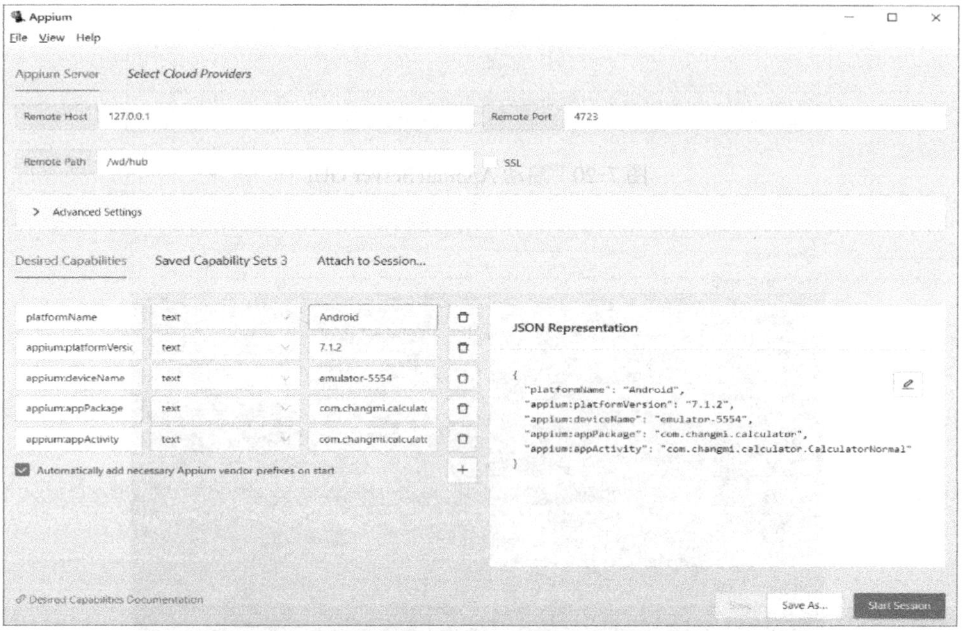

图 7-23　在 Appium Inspector 中获取元素 id

在模拟器中打开测试 App，在命令框中通过输入以下两个命令获取 deviceName，以及当前打开 App 的包名和 Activity 名称，如图 7-24 所示。

```
adb devices
adb shell dumpsys window w |findstr \/ |findstr name=
```

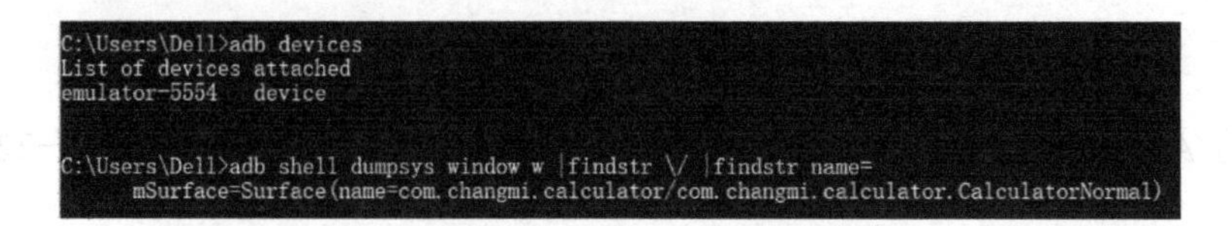

图 7-24　查看 App 包名

填写 Appium 服务器地址、端口、路径。

```
Remote Host:127.0.0.1        # appium 服务器 IP 地址
Remote Port:4723             # appium 服务端口
Remote Path:/wd/hub          # appium 服务路径
```

填写 Desired Capacities（一个在自动化测试中用来定义测试环境配置的术语，它是一个键值对的集合，用于在启动浏览器或移动应用的测试会话时，向测试服务器传达所需的自动化平台和应用程序信息）。

```
{
"platformName": "Android",                                          # 系统类别
"appium:platformVersion": "7.1.2",                                  # 设备系统版本号
"appium:deviceName": "emulator-5554",                               # 设备名称
"appium:appPackage": "com.changmi.calculator",                      # App 包名
"appium:appActivity": "com.changmi.calculator.CalculatorNormal"     # App 启动主页
}
```

4）启动 Session，使用 Appium 连接到设备或模拟器，用户可以在左侧界面上选取任意元素，右侧会显示识别到的元素的属性，如图 7-25 所示。

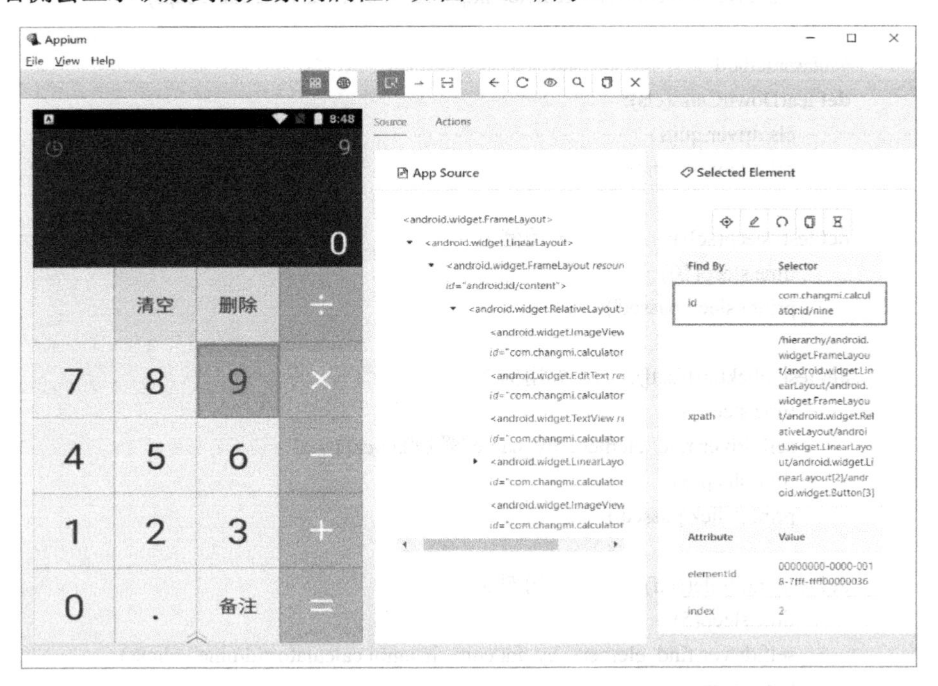

图 7-25　启动 Session 查看元素信息

HTMLTestRunner 文件用来生成测试报告，新建 calcilatorReport.py 文件，编写以下代码，用例 1 为休眠 10 秒，用例 2 为通过名为“爱物”查找 App 元素，用例 3 为计算器 9×6 的简单用例，源码下载地址如下。

```
https://gitee.com/li-ruike/appium/blob/master/appium/calcilatorReport.py
import unittest
```

```
import os
import time
import HTMLTestRunner
from appium import webdriver
class Dttest(unittest.TestCase):
    @classmethod
    def setUpClass(cls):
        print('start setup')
        caps = {}
        caps["platformName"] = "Android"
        caps["appium:platformVersion"] = "7.1.2"
        caps["appium:deviceName"] = "emulator-5554"
        caps["appium:appPackage"] = "com.changmi.calculator"
        caps["appium:appActivity"] = "com.changmi.calculator.CalculatorNormal"
        caps["appium:ensureWebviewsHavePages"] = True
        caps["appium:nativeWebScreenshot"] = True
        caps["appium:newCommandTimeout"] = 0
        caps["appium:connectHardwareKeyboard"] = True
        cls.driver = webdriver.Remote("http://127.0.0.1:4723/wd/hub", caps)

    @classmethod
    def tearDownClass(cls):
        cls.driver.quit()
        print ('tearDown')

    def test_sleep(self):            # 用例 1
        time.sleep(10)
        print ('sleep passed')

    def test_clicktap1(self):        # 用例 2
        time.sleep(3)
        self.driver.find_element_by_name('爱物').click()
        time.sleep(3)
        print ('click passed')

    def test_multiple(self):         # 用例 3
        time.sleep(5)
        self.driver.find_element_by_id('com.changmi.calculator:id/nine').click()
        time.sleep(1)

self.driver.find_element_by_id('com.changmi.calculator:id/multiple').click()
        time.sleep(1)
        self.driver.find_element_by_id('com.changmi.calculator:id/six').click()
        time.sleep(1)
        self.driver.find_element_by_id('com.changmi.calculator:id/eq').click()
        print ('click passed')
```

```
if __name__ == '__main__':

    suite = unittest.TestSuite()
    suite.addTest(Dttest('test_sleep'))  # 需要测试的用例就 addTest，不加的就不会运行
    suite.addTest(Dttest('test_clicktap1'))
    suite.addTest(Dttest('test_multiple'))

    filename = 'D:\\PyCharm 编程\\WorkSpace\\机器学习实战\\appium\\report\\repot.html'  # 这个路径改成自己的目录路径
    print('3')

    fp = open(filename, 'wb')
    runner = HTMLTestRunner.HTMLTestRunner(
        stream=fp,
        verbosity = 2,
        title='result',
        description='report'
    )
    runner.run(suite)
    fp.close()
```

5）运行 calcilatorReport.py 后控制台显示如图 7-26 所示。

```
calcilatorReport ×
D:\Anaconda\anaconda\python.exe D:/PyCharm编程/WorkSpace/appium/appium/calcilatorReport.py
3
start setup
ok test_sleep (__main__.Dttest)
E  test_clicktap1 (__main__.Dttest)
ok test_multiple (__main__.Dttest)
tearDown

Time Elapsed: 0:00:33.719943

Process finished with exit code 0
```

图 7-26　使用 Python 代码进行测试

6）后台生成 App 测试报告如图 7-27 和图 7-28 所示。

图 7-27　App 测试报告

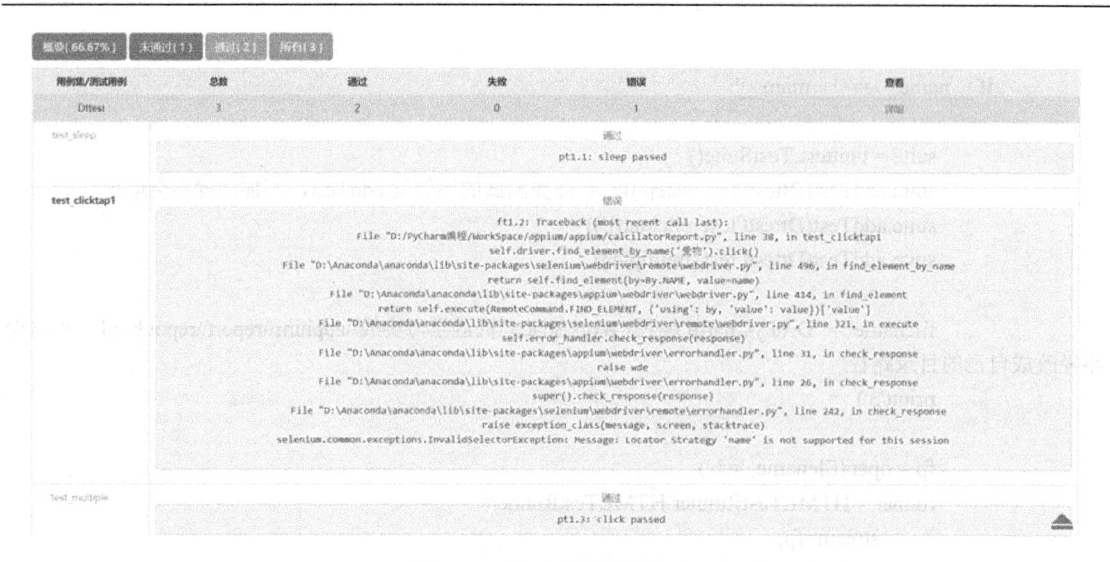

图 7-28　测试报告详细信息

上述测试报告提供了测试用例的执行结果和错误信息，其中包含三个测试用例的执行结果，两个通过，一个失败。通过测试报告可以帮助开发者快速定位问题所在。

7.4.2　案例二：购物 App

1）启动雷电模拟器，并安装购物 App Order，下载地址为 https://gitee.com/li-ruike/appium/blob/master/appium/order.apk，如图 7-29 所示。

图 7-29　用雷电模拟器打开“购物 App”

2）启动 Appium Server GUI，使用默认配置即可，单击“启动服务器”按钮，如图 7-30 和图 7-31 所示。

图 7-30　启动 Appium Server GUI

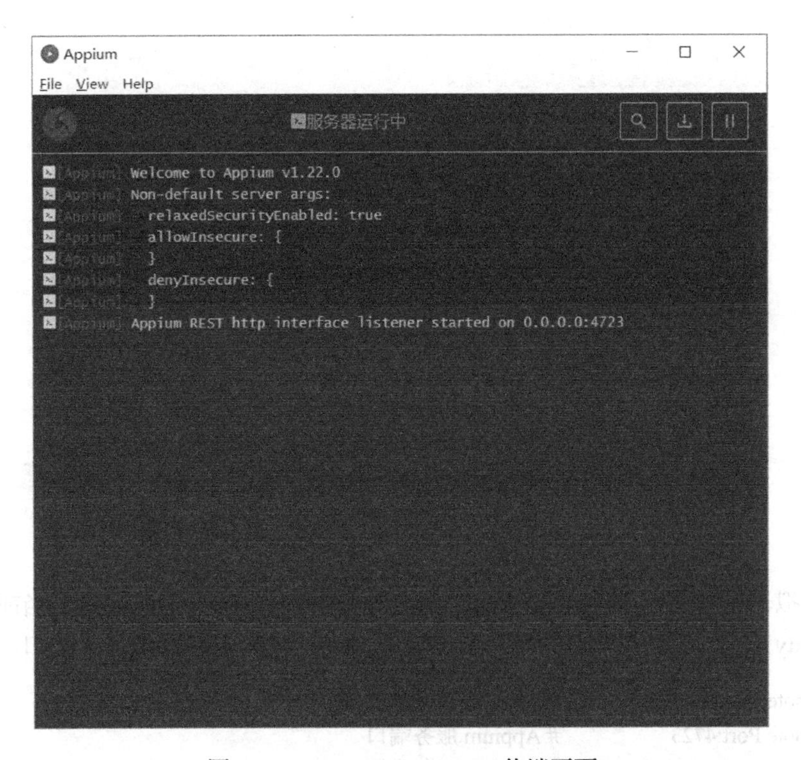

图 7-31　Appium Server GUI 终端页面

3）启动 Appium Inspector.exe，可以通过该程序获取元素 id 和 xpath，如图 7-32 和图 7-33 所示。

图 7-32 Appium Inspector 启动页面

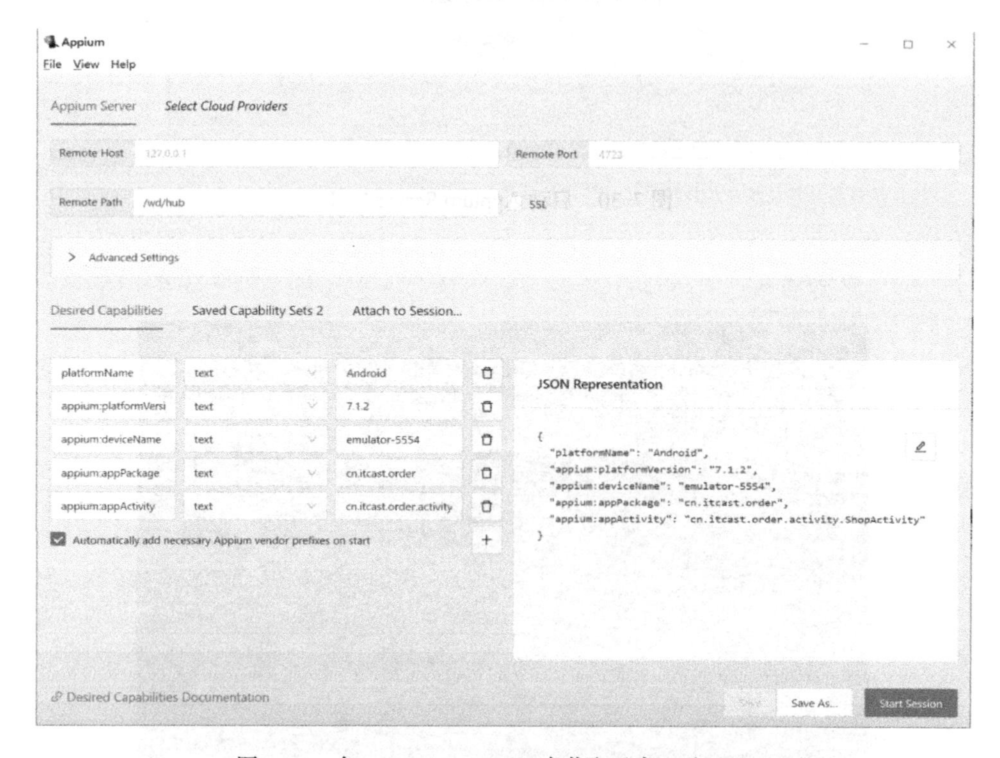

图 7-33 在 Appium Inspector 中获取元素 id 和 xpath

4）在模拟器中打开需要测试的 App，在命令框中获取 deviceName 以及当前打开 App 的包名和 Activity 名称（使用管理员打开 cmd），填写 Appium 服务器地址、端口、路径。

```
Remote Host:127.0.0.1        # Appium 服务器 IP 地址
Remote Port:4723             # Appium 服务端口
Remote Path:/wd/hub          # Appium 服务路径
```

填写 Desired Capacities（App 包名与主页名与案例一不同）。

```
{
"platformName": "Android",                        # 系统类别
```

```
    "appium:platformVersion": "7.1.2",                    # 设备系统版本号
    "appium:deviceName":   "emulator-5554",               # 设备名称
    "appium:appPackage":   "cn.itcast.order",             # App 包名
    "appium:appActivity": "cn.itcast.order.activity.ShopActivity"     # App 启动主页
}
```

5）启动 Session，使用 Appium 连接到设备或模拟器，用户可以在左侧界面上选取任意元素，右侧会显示识别到的元素的属性，如图 7-34 所示。

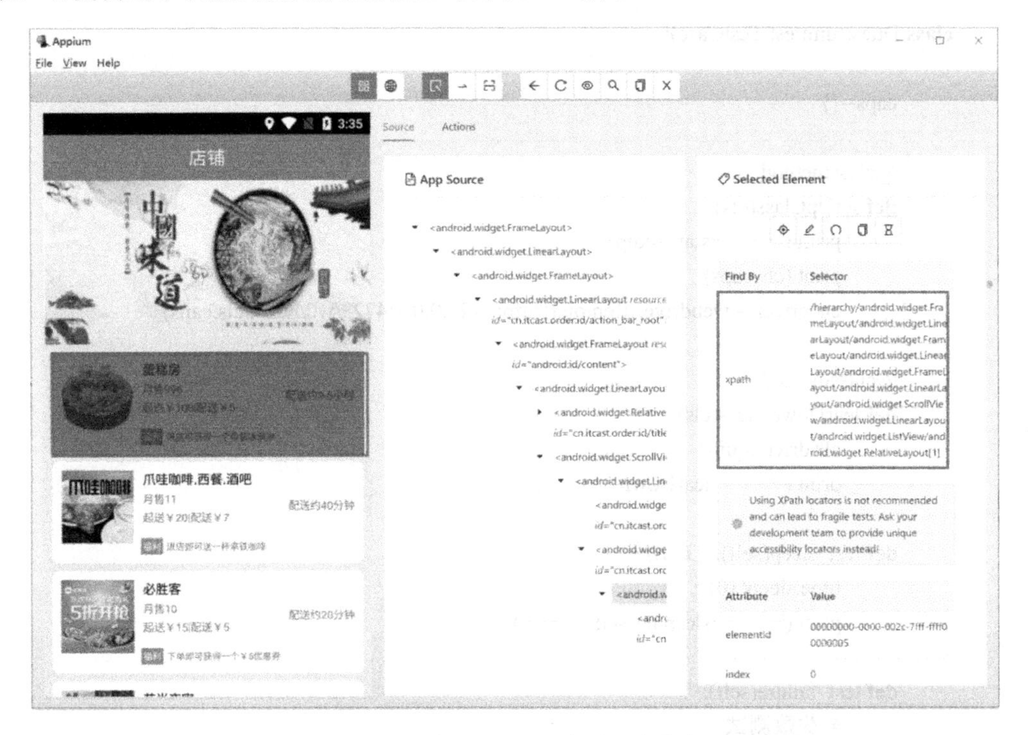

图 7-34　启动 Session 查看元素信息

6）同案例一，使用 HTMLTestRunner 文件生成测试报告，新建 orderTest.py 文件，编写以下代码，用例 1 为休眠 10 秒，用例 2 为获取元素的文本信息，用例 3 为购买一件物品的简单用例，源码下载地址为 https://gitee.com/liruike/appium/blob/master/appium/orderTest.py。

```
import threading
import unittest
import os
import time
import HTMLTestRunner
from appium import webdriver
import paramunittest

caps1 = {
    "platformName": "Android",
    "appium:platformVersion": "7.1.2",
    "appium:deviceName": "emulator-5554",
```

```
        "appium:appPackage": "cn.itcast.order",
        "appium:appActivity": "cn.itcast.order.activity.ShopActivity",
        "appium:ensureWebviewsHavePages": True,
        "appium:nativeWebScreenshot": True,
        "appium:newCommandTimeout": 0,
        "appium:connectHardwareKeyboard": True
}

class Dttest(unittest.TestCase):

    caps={}

    @classmethod
    def setUpClass(cls):
        print ('------start setup------')
        print (cls.caps)
        cls.driver = webdriver.Remote("http://127.0.0.1:4723/wd/hub", cls.caps)

    @classmethod
    def tearDownClass(cls):
        cls.driver.quit()
        print ('------tearDown------')

    def test_sleep(self):   # 用例
        time.sleep(10)
        print ('------sleep passed------')

    def test_failure(self):
        # 失败测试
        time.sleep(2)
        self.driver.find_element_by_id('login').click()
        time.sleep(2)
        print ('------failure test------')

    def test_text(self):   # 用例
        time.sleep(3)
        text = self.driver.find_element_by_xpath(
    r'/hierarchy/android.widget.FrameLayout/android.widget.LinearLayout/android.widget.FrameLayout/
android.widget.LinearLayout/android.widget.FrameLayout/android.widget.LinearLayout/android.widget.ScrollView/
android.widget.LinearLayout/android.widget.ListView/android.widget.RelativeLayout[1]/android.widget.LinearLayout[1]/
android.widget.TextView[1]')
        print ('获取的文本内容：', text.text)
        time.sleep(3)
        print ('------text passed------')

    def test_click(self):   # 用例
```

```
            time.sleep(5)
            self.driver.find_element_by_xpath(
        r'/hierarchy/android.widget.FrameLayout/android.widget.LinearLayout/android.widget.FrameLayout/
android.widget.LinearLayout/android.widget.FrameLayout/android.widget.LinearLayout/android.widget.ScrollView/
android.widget.LinearLayout/android.widget.ListView/android.widget.RelativeLayout[1]').click()
            time.sleep(3)
            self.driver.find_element_by_xpath(
        r'/hierarchy/android.widget.FrameLayout/android.widget.LinearLayout/android.widget.FrameLayout/
android.widget.LinearLayout/android.widget.FrameLayout/android.widget.FrameLayout/android.widget.Relative
Layout[2]/android.widget.ListView/android.widget.RelativeLayout[1]/android.widget.Button').click()
            time.sleep(3)
            self.driver.find_element_by_id(r'cn.itcast.order:id/tv_settle_accounts').click()
            time.sleep(3)
            self.driver.find_element_by_xpath(
        r'/hierarchy/android.widget.FrameLayout/android.widget.LinearLayout/android.widget.FrameLayout/
android.widget.LinearLayout/android.widget.FrameLayout/android.widget.FrameLayout/android.widget.LinearLayout/
android.widget.LinearLayout/android.widget.EditText').send_keys(
                r'辽宁工程技术大学葫芦岛校区')
            time.sleep(3)
            self.driver.find_element_by_id(r'cn.itcast.order:id/tv_payment').click()
            print('支付成功')
            print('------click passed------')

    def test_body(caps, fileName, test_examples):
        """
        :param caps: Desired Capabilities 测试参数
        :param fileName: 测试报告存储路径    '例：.../reports/report.html'
        :param test_examples: 测试用例名
        :return:
        """
        Dttest.caps = caps
        suite = unittest.TestSuite()
        for exampleintest_examples:
            suite.addTest(Dttest(example))
        filename = fileName# 这个路径改成自己的目录路径
        print ('3')

        fp = open(filename, 'wb')
        runner = HTMLTestRunner.HTMLTestRunner(
            stream=fp,
            verbosity=2,
            title='result',
            description='report'
        )
        runner.run(suite)
        fp.close()
```

```
def test_android7():
    test_examples = ['test_text', 'test_failure', 'test_text', 'test_click']
    test_body(caps1, 'D:\\测试\\代码\\android7.html', test_examples)

if __name__ == '__main__':
    test_android7()
```

7）运行 oderTest.py 后，控制台显示如图 7-35 所示。

```
3
------start setup------
{'platformName': 'Android', 'appium:platformVersion': '7.1.2', 'appium:deviceName': 'emulator-5554', 'appium:appPackage': 'cn.itcast.order', 'appium:appActivity': 'cn.itcast.order.activity.ShopActivity', 'appium:ensureWebviewsHavePages': True, 'appium:nativeWebScreenshot': True, 'appium:newCommandTimeout': 0, 'appium:connectHardwareKeyboard': True}
ok test_text (__main__.Dttest)
E  test_failure (__main__.Dttest)
ok test_text (__main__.Dttest)
ok test_click (__main__.Dttest)
------tearDown------

Time Elapsed: 0:00:38.893512
```

图 7-35　使用 Python 代码进行测试

8）后台生成 App 测试报告如图 7-36 和图 7-37 所示。

图 7-36　App 测试报告可视化

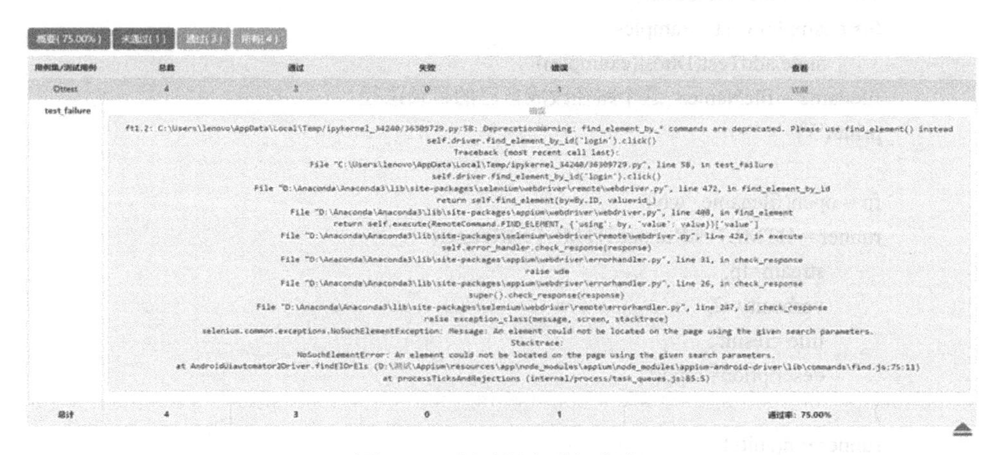

概要(75.00%)　未通过(1)　通过(3)　所有(4)

用例集/测试用例	总数	通过	失败	错误	查看
Dttest	4	3	0	1	详细
test_failure	错误				
总计	4	3	0	1	通过率: 75.00%

```
ft1.2: C:\Users\lenovo\AppData\Local\Temp/ipykernel_34240/36309729.py:58: DeprecationWarning: find_element_by_* commands are deprecated. Please use find_element() instead
self.driver.find_element_by_id('login').click()
Traceback (most recent call last):
File "C:\Users\lenovo\AppData\Local\Temp/ipykernel_34240/36309729.py", line 58, in test_failure
self.driver.find_element_by_id('login').click()
File "D:\Anaconda\Anaconda3\lib\site-packages\selenium\webdriver\remote\webdriver.py", line 472, in find_element_by_id
return self.find_element(by=By.ID, value=id_)
File "D:\Anaconda\Anaconda3\lib\site-packages\appium\webdriver\webdriver.py", line 408, in find_element
return self.execute(RemoteCommand.FIND_ELEMENT, {'using': by, 'value': value})['value']
File "D:\Anaconda\Anaconda3\lib\site-packages\selenium\webdriver\remote\webdriver.py", line 424, in execute
self.error_handler.check_response(response)
File "D:\Anaconda\Anaconda3\lib\site-packages\appium\webdriver\errorhandler.py", line 31, in check_response
raise wde
File "D:\Anaconda\Anaconda3\lib\site-packages\appium\webdriver\errorhandler.py", line 26, in check_response
super().check_response(response)
File "D:\Anaconda\Anaconda3\lib\site-packages\selenium\webdriver\remote\errorhandler.py", line 247, in check_response
raise exception_class(message, screen, stacktrace)
selenium.common.exceptions.NoSuchElementException: Message: An element could not be located on the page using the given search parameters.
Stacktrace:
NoSuchElementError: An element could not be located on the page using the given search parameters.
at AndroidUiautomator2Driver.findElOrEls (D:\测试\Appium\resources\app\node_modules\appium\node_modules\appium-android-driver\lib\commands\find.js:75:13)
at processTicksAndRejections (internal/process/task_queues.js:85:5)
```

图 7-37　测试报告详细信息

上述测试报告提供了测试用例的执行结果和错误信息，其中包含三个测试用例的执行结果，两个通过，一个失败。通过测试报告可以帮助开发者快速定位问题所在。

习题

1．移动应用测试的分类有哪些？
2．移动应用测试的特点有哪些？
3．移动应用测试的方法有哪些？
4．请自行设计一个移动应用测试的案例。

参 考 文 献

[1] 虫师．Selenium3 自动化测试实战：基于 Python 语言[M]．北京：电子工业出版社，2019．
[2] 吴迪，马世霞，吴义芝．软件测试基本原理与实践[M]．成都：电子科技大学出版社，2018．
[3] 秦航，杨强．软件质量保证与测试[M]．2 版．北京：清华大学出版社，2017．
[4] 何月顺．软件测试技术与应用[M]．北京：中国水利水电出版社，2012．
[5] 张善文，雷英杰，王旭启，等．软件测试及其案例分析[M]．西安：西安电子科技大学出版社，2012．
[6] 武剑洁．软件测试实用教程：方法与实践[M]．2 版．北京：电子工业出版社，2012．